综合电子与 PCB 设计完全学习手册

主　编：陆清茹
副主编：许　庆　王　珩　吉　静

东南大学出版社
SOUTHEAST UNIVERSITY PRESS
·南京·

图书在版编目(CIP)数据

综合电子与 PCB 设计完全学习手册 / 陆清茹主编. —
南京：东南大学出版社，2019.3

ISBN 978 - 7 - 5641 - 8298 - 4

Ⅰ. ①综⋯　Ⅱ. ①陆⋯　Ⅲ. ①印刷电路-计算机辅助
设计-手册　Ⅳ. ①TN410.2 - 62

中国版本图书馆 CIP 数据核字(2019)第 027329 号

综合电子与 PCB 设计完全学习手册

主　　编	陆清茹	
出版发行	东南大学出版社	
出 版 人	江建中	
社　　址	南京市四牌楼 2 号	
邮　　编	210096	
网　　址	http://www.seupress.com	
经　　销	全国各地新华书店	
印　　刷	兴化印刷有限责任公司	
开　　本	787 mm×1092 mm　1/16	
印　　张	15.5	
字　　数	380 千字	
版　　次	2019 年 3 月第 1 版	
印　　次	2019 年 3 月第 1 次印刷	
书　　号	ISBN 978 - 7 - 5641 - 8298 - 4	
定　　价	45.00 元	

* 本社图书若有印装质量问题，请直接与营销部联系，电话:025 - 83791830

前　言

随着电子技术的迅猛发展,现代电子工业也取得了长足的进步,大规模、超大规模集成电路的应用使印刷电路板日趋精密和复杂,传统的手工设计和制作印刷电路板的方法已越来越难以适应生产的需求。为了解决这一问题,各类电路计算机辅助设计 CAD(Computer Aided Design)软件应运而生,其中 Protel 99 SE 和 Altium Designer(AD)两款软件以其高度集成性和扩展性著称于世。在电子行业的 CAD 软件中,这两款软件当之无愧地排在众多 EDA 软件的前面,几乎所有的电子公司都要用到它们,许多大公司在招聘电子设计人才时在其条件栏上常会写着要求会使用 Protel 或 AD。

对于电路 CAD 设计的入门者,可以从学习 Protel 99 SE 软件入手。Protel 99 SE 对于初学者来说简单易学,可以进行原理图编辑和电路元件编辑、PCB(Printed Circuit Board)设计和 PCB 元器件编辑、PCB 自动布线和手动布线等,是一款具有强大功能的电子设计 CAD 软件。它较早就在国内开始使用,在国内的普及率也最高,有些高校的电子专业还专门开设了课程来学习它。

Altium Designer 就是 Protel 的升级版,除了全面继承 Protel 99 SE 等在内的先前一系列版本的功能和优点外,还做了许多改进并增加了很多高端功能。该平台拓宽了板级设计的传统界面,全面集成了 FPGA 设计功能和 SOPC 设计实现功能,从而允许工程设计人员能将系统设计中的 FPGA 与 PCB 设计及嵌入式设计集成在一起。由于 Altium Designer 在继承先前 Protel 软件功能的基础上,综合了 FPGA 设计和嵌入式系统软件设计功能,Altium Designer 对学习者的要求更高一些,一般建议学习过 Protel 99 SE 后再学习 Altium Designer 将会更高效。

本书共分三部分:软件介绍、软件应用和综合实训。从电路设计实用的角度出发,通过第一部分和第二部分的结合,采用"查字典"的方式全面介绍了 EDA 软件中使用最为广泛的两款电路板设计软件 Protel 99 SE 和

Altium Designer 的使用方法,详细介绍了原理图设计、元件制作、PCB 元件的布局、布线及电路设计的仿真等,并范例性地列举了多个综合型实践性案例的软件操作方法;并在第三部分中设置了多个递进式的实训练习。通过以上"三步式"的学习,读者可以轻松掌握 Protel 99 SE 和 Altium Designer 两款 CAD 设计软件的使用和操作。本书的主要特色及说明如下:(1) 本书的编写并不是完全按照 Protel 软件操作界面的顺序逐一介绍,而是从实用的角度出发,按照项目研发过程中进入电路设计和制作阶段的实际需要来应用软件,书中介绍的所有操作步骤和软件使用方法都是编者十多年从事 PCB 设计工作的经验总结。(2) 通过"三步式"结构让读者更容易掌握 Protel 99 SE 和 Altium Designer 软件的使用方法:软件使用介绍、案例示范操作、设置实训练习;(3) 在软件的使用介绍上,本书采用"查字典"的方式,将软件的具体操作细节和快捷键操作等方法放在软件应用部分,以便读者在具体操作时便于查找定位;(4) 在范例部分,本书都采用具有综合性及实践性的完整电子系统作为案例,更具有实际操作示范价值;(5) 实训练习根据软件学习的流程采用"内容逐步递进式"进行设计,让读者可以通过实训练习逐步真正掌握这两款电路板设计软件。本书的特点是全面、实用、条理清晰、通俗易懂,特别适合初学者或作为大学生电子设计竞赛的培训教材使用,也可供大专院校相关专业的学生学习参考。

编　者

2018 年 10 月于南京

目　录

第一部分　软件介绍

第二部分　软件应用

第三部分　综合实训

第一部分

软件介绍

第1章　Protel 99 SE 软件介绍

1.1　Protel 99 SE 简介

随着信息化时代的到来,电子行业得到前所未有的飞速发展。对于越来越复杂的大型电子线路,传统的人工方式被便捷、高效和智能的计算机辅助设计方式所取代,同时出现了许多 EDA(Electronic Design Automation,电子设计自动化)软件。在这些软件中,Protel 99 SE 以其上手快、操作简单、效率高等诸多优点成为电子设计 CAD 软件的典型代表,同时赢得了众多电子设计者的青睐。

本章简单介绍了 Protel 99 SE 的发展历史、模块组成、主要特点和软件运行等概况,在真正学习 Protel 99 SE 的具体操作前,使读者对该软件有一个基本的了解。

1.1.1　Protel 99 SE 的发展历史

随着电子技术的高速发展,电路的集成度越来越高,线路设计越来越复杂,而相对的产品的生产及上市时间却要求越来越快。在传统的电子设计过程中,电路板的设计耗费了设计者大量的时间和精力,而在电路功能设计上相对不够。大量 EDA 软件的出现解决了这一难题,使得设计者能将更多的时间用于电路的功能设计上。Protel 便是其中一款高效便捷的 EDA 设计软件,由电路的原理图设计、电路仿真和印制电路板(PCB)设计三部分功能构成,它是目前 EDA 行业中上手简单、操作方便、功能齐全的开发工具的典型,同时也是电子设计者的首选软件。

Protel 系列产品由澳大利亚 Protel 公司开发设计。Protel 系列产品的前身是一款名为 TANGO 的软件,该软件由美国 ACCEL Technologies 公司于 1987—1988 年推出,随后被澳大利亚 Protel 公司收购。随着电子工业的发展,早期的 TANGO 软件已对日益复杂的电路设计要求渐感力不从心。为了改变这一现状,Protel 公司在原有基础上推出了 Protel 系列软件,并且在接下来的近 25 年中不断更新软件,提供最新的技术。1985 年,在 TANGO 的基础上,Protel 公司改进推出了适用于 DOS 操作环境下的 Protel for DOS 软件;1991 年,又更新推出了适用于 Windows 视窗操作系统的 Protel for Windows 软件;1997 年,Protel 公司继续更新推出了包含原理图输入、可编程逻辑器件(PLD)设计、仿真、板卡设计和自动布线 5 个核心模块的 Protel 98 软件;1999 年,Protel 公司最先推出了具有从电路设计到电路分析的完整体系的 Protel 99 软件;2000 年,Protel 公司推出了自动化程度更高、功能更齐全的 Protel 99 SE 软件,该软件性能进一步提高,同时该款软件也首次引进了"设计浏览器"平台;2002 年,Protel 公司改名为 Altium 公司,同时对原有软件更新,推出了性能更为强大的 Protel DXP 软件;2003 年,Protel DXP 被进一步完善,Protel 2004 软件出现;2006 年,Altium 公司继续更新推出 Altium Designer 6.0,该款软件在印制电路板 PCB 设计性能上得到大大提高；2008 年，Altium Designer Summer 8.0 推出；2009 年，Altium Designer Winter 8.2 问世，在前一版本的基础上软件功能和运行速度得到再次增强，从而使得该款软件成为最强大的电路一体化设计工具。

在电子行业中，Protel 系列软件当之无愧地排在众多 EDA 软件的前面，它高效地实现了从设计概念到生产的无缝连接。在 Protel 系列软件中，Protel 99 SE 以所占资源少、操作简便及功能齐全等优点，成为目前使用最为广泛的 Protel 版本。

1.1.2　Protel 99 SE 的组成与特点

Protel 99 SE 虽然占用资源很少，但其功能较为齐全，可谓"麻雀虽小，五脏俱全"。绝大多数款的 BS 应用程序，它除了有一个基本的框架窗口外，软件本身还提供了相应的各个组件之间的设计者接口，这种人性化的设计使得设计者在运行主程序时各服务器程序都可在需要的时间被及时调用，大大加快主程序的启动速度，同时为软件以后的更新和性能的提高提供了便利。

Protel 99 SE 一般由 5 大功能模块构成，分别是原理图设计模块、印制电路板（PCB）设计模块、布线模块、可编程逻辑器件模块和仿真模块。其中原理图设计模块和印制电路板（PCB）设计模块是一般设计工作中的重点，而其他模块可以说都是为这两个模块服务的，而 Protel 99 SE 软件正是电路板设计中的典型。

Protel 99 SE 软件的多个模块也决定了该软件的文件格式和类型不会少，不同的文件格式和类型只能在特定的模块中存在并有效。

下面就 Protel 99 SE 软件的原理图设计模块和印制电路板（PCB）设计模块以及软件中的文件进行简单的介绍和说明。

Protel 99 SE 的功能较多，从原理图设计到印制电路板（PCB）设计再到电路性能仿真一应俱全，其中又以原理图设计和印制电路板设计这两大块功能尤为突出。下面就这两个系统进行简单的介绍。

（1）原理图设计模块（Schematic 模块）

原理图又被叫做"电路原理图"，一般用导线将电源、电阻等各种用电器、开关和电流表等连接起来所组成的具有一定功能特性的电路，它是按照统一的符号所表示出来的，可以直接体现电子电路的结构和工作原理，一般用于设计和分析电路。

由于电路原理图是表示电气产品或电路工作原理的重要技术文件，因此也可以说，原理图就是用来体现电子电路的工作原理的一种工具。

图 1.1 所示为用 Protel 99 SE 软件所绘制的某张电路原理图，该原理图是在 Schematic 模块下绘制完成的。

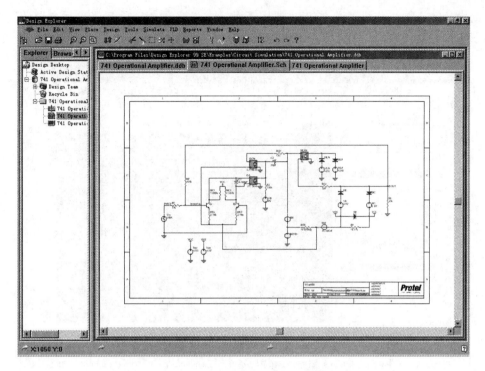

图 1.1 Schematic 模块下绘制完成的原理图

　　图 1.1 所示为电路图编辑器界面,它是 Protel 99 SE 软件的三大组件之一,另外两大组件分别是电路图元件库编辑器和各种文本编辑器。

　　Schematic 模块主要用于原理图的设计和绘制。在该模块中,除了可以直接从器件库中调用元件绘制原理图外(原理图编辑器),还可以修改甚至生成新的元件(电路图元件库编辑器),同时还可以生成各种报表(各种文本编辑器)。该模块支持层次化设计,编辑功能齐全灵活,设计、绘制时强大的自动化功能都使得设计者工作效率大为提高。

　　原理图编辑器具有大量的元件库,库中元件较为齐全,且操作简单,主要用于原理图的设计和绘制,根据该编辑器所提供的网络表可以为后期的印制电路板设计服务。除此之外,该编辑器采用分层的方式进行组织和设计,原理图绘制完成后可以进行电气设计检验,无误后进行打印输出。这诸多优点及功能大大减少了设计者的工作量,同时提高了设计者的工作效率,使设计者可以轻松完成所需承担的设计任务。

　　(2)印制电路板(PCB)设计模块

　　印制电路板的设计是以电路原理图为依据,接着设计和绘制制板图,再根据制板图制作出具体的电路板,从而实现电路设计者所需要的功能。这几个环节环环相扣,缺一不可,特别是印制电路板设计这一环,由于它是电路原理图到制作具体电路板的桥梁,所以显得尤为关键。

　　印刷电路板的设计不光使板图设计最优化外,在设计过程中还需考虑许多现实的因素,诸如:板图布局是否方便和外部连接,电磁保护、热耗散等问题是否得到解决。优秀的板图设计不仅可以为厂家节约生产成本,达到良好的电路性能,同时具有较好的散热性能从而提高产品的使用寿命。在板图设计方面有两种实现方式,一种是通过手工,另一种是通过计算

5

机辅助设计(CAD)。一般来说,前者主要用于设计一些简单的板图,后者更适合设计复杂些的板图。图 1.2 所示为一张由原理图生成的印制电路板制板图。

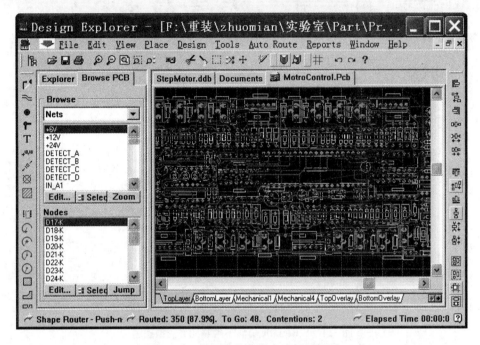

图 1.2　一张标准的印制电路板制板图

印制电路板设计模块具有以下功能和特点:界面人性化,操作简单灵活;除了库中已有的大量元件可直接调用外,该模块还可以修改和创建新的元件;无论是简单还是复杂的电路均可设计印制实现;整个设计过程都有着强大的自动化功能;在线式库编辑及完善的库管理;完备的输出打印系统等。

在 Protel 99 SE 中,针对不同模块,有许多不同的文件格式。Protel 99 SE 安装完成后,几个子文件夹会自动生成在设计者所指定的安装目录下,其中包括主应用程序文件 client 99. exe。Protel 99 SE 的文件夹多种多样,下面选取部分文件结构进行说明:如 Backup 文件主要用于存放被修改的文档的备份;Examples 文件夹中存放 Protel 99 SE 软件本身附带的例子;同其他软件一样,Help 主要用于存放 Protel 99 SE 的帮助文件;System 用于存放 Protel 各服务器程序文件;Library 文件夹下有 5 个子文件夹:PCB 存放 PCB 库文件、PLD 存放 PLD 库文件、SCH 存放原理图库文件、Signal Integrity 存放信号完整性库文件以及 SIM 存放仿真库文件。

Protel 99 SE 的文件类型和它的文件格式一样,也是种类繁多,一些具体的文件类型说明见 3.1 节。

Protel 99 SE 的运行、安装与卸载见 3.2 节。

1.1.3　小结

本节对 Protel 99 SE 的发展历史、主要组成部分及特点进行了简要的介绍,并对 Protel 99 SE 的运行环境做了说明,希望读者在进行后面的学习和设计前能对 Protel 99 SE 有一个初步的认识。

1.2　Protel 99 SE 操作流程

在已安装 Protel 99 SE 软件的基础上，设计者可以真正进入到软件的使用和设计阶段，但在设计某个具体的电路前我们需对 Protel 99 SE 软件进行熟悉和学习。第一步就需要我们对 Protel 99 SE 操作的基本知识有所了解，从而对这款软件形成一个初步的认识和理解。

本节通过设计一个如图 1.3 所示直流稳压电路为例对 Protel 99 SE 软件的整个设计过程进行演示和说明。

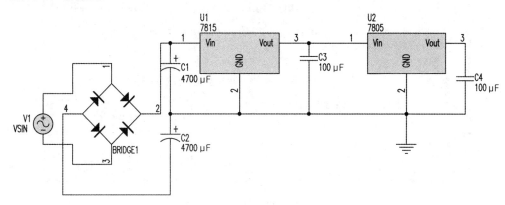

图 1.3　直流稳压电路

1.2.1　原理图的设计

如图 1.4 所示，原理图设计的步骤较为复杂，一般一个完整的电路原理图设计过程主要由以下步骤组成：在新建原理图设计文件的基础上，进入该文件；对绘制图纸和工作界面参数进行初始设置；在参考已构思完成的电路基础上放置元件，并把元件一一拖至相应的位置；通过工具把各个元件连接起来，调整元件的位置并完善原理图；对完成的原理图进行电气检查，根据提示修改并完善电路图；在原理图无误后生成网络表并保存和输出。

1) 设计任务的建立

对于第一次使用 Protel 99 SE 的用户来说，在成功打开系统之后（见 3.3 节），按照用户的喜好对系统参数进行设置（见 3.4 节）。

在对系统参数设置后，用户就可以开始进行电子电路的设计了。在做具体的设计前，首先要在 Protel 99 SE 中建立一个新的设计任务，具体操作如下：

单击软件上方菜单栏中的"File"菜单，在"File"菜单的下拉菜单栏中选中"New"命令项，会弹出一个新建任务对话框（该对话框的说明见 3.5 节），本实例设计任务名取为"整流稳压电路"，

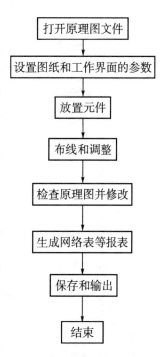

图 1.4　原理图设计流程

如图 1.5 所示。

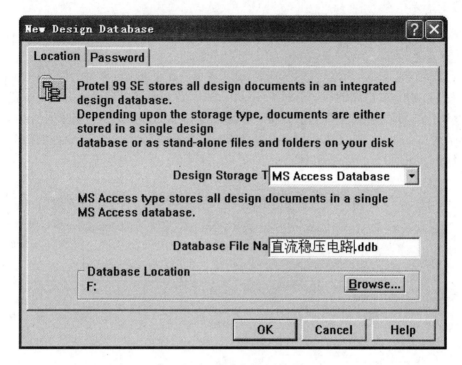

图 1.5　Location 标签项对话框

单击"OK"按钮，用户就完成了对设计任务的建立，同时进入如图 1.6 所示的设计管理界面。

图 1.6　设计管理界面

设计任务管理器的具体介绍可参考 3.6 节。

2) 设计文件的建立

下面我们来学习 Protel 99 SE 中的设计文件是如何建立的。在 Protel 99 SE 中可以通过三种方式建立一个新的文件(见 3.7 节)。

比较常用的一种方法是双击进入 Documents 文件夹,然后点击软件菜单栏中的"File"命令,找到其下拉菜单中的"New"命令并单击该命令(图 1.7),从而打开如图 1.8 所示的新建文件对话框,我们选择原理图文件类型,单击"OK"按钮,即可创建一个相应的新文件。

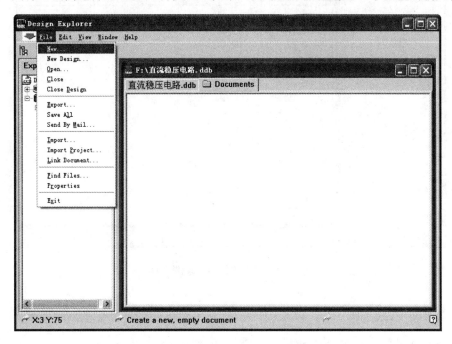

图 1.7　通过菜单栏建立新的文件

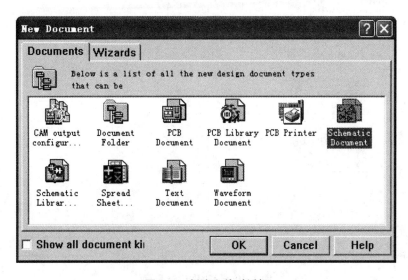

图 1.8　新建文件对话框

9

在如图 1.9 所示的界面,新建的原理图文件名处于可编辑的状态,若想再次修改文件名,可单击文件名进行修改。修改后双击文件图标,进入到如图 1.10 所示的原理图设计界面,文件的系统界面介绍可参考 3.8 节。

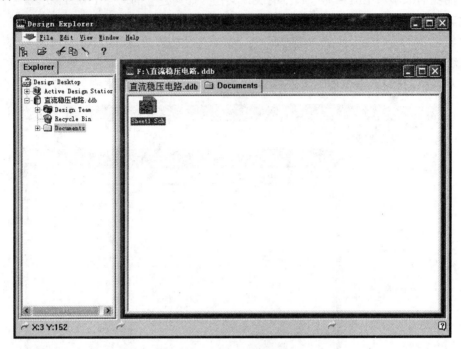

图 1.9　建立的新的原理图文件

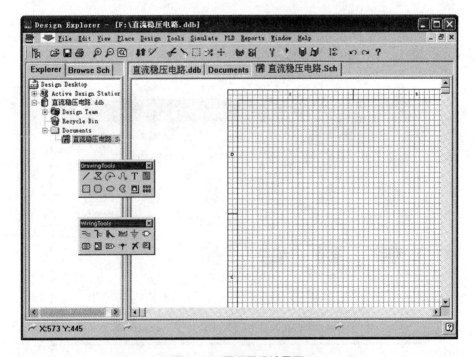

图 1.10　原理图设计界面

在使用 Protel 99 SE 完成设计任务的整个过程中,用户对文件的操作比较频繁,如文件的打开、关闭、删除和恢复以及文档的导入、导出等,具体操作见后面 3.9 节。

3）原理图的绘制

原理图文件建立后,用户首先可根据设计要求及个人的喜好对原理图文件进行参数设置(见 3.10 节),这里我们采用系统的默认设置。

用户根据各自的需要设置好原理图参数后,就可以开始选择并放置自己所需的元件。在 Protel 99 SE 中,元件都被分门别类地放置在不同的库中,特别是在用户自己创建了新的元件后,要调用该元件首先需在原理图文件中加载对应的元件库,具体操作见 3.11 节,这里我们无需对元件库进行操作,设计直流稳压电路所需的元件在系统默认的元件库中都存在。

在元件库元件列表中选中所需器件,双击,移动光标至工作平面的适当位置,在移动的过程中,按空格键可以将元器件进行旋转。单击左键,即可将元件定位到工作平面上了。双击该器件,弹出设计元器件属性的对话框如图 1.11 所示。“Lib Ref”填写元件名称,该项是根据放置元件时的名称设置自动提供的,不可更改;“Footprint”用于器件封装,系统自动根据放置元件提供,不可更改;“Designator”为元件标号,如 R1,C2。这里我们输入 R1;“Part”用于器件类别或标准值,如 $1\ k\Omega$、$0.01\ \mu F$。这里我们填 $620\ \Omega$。

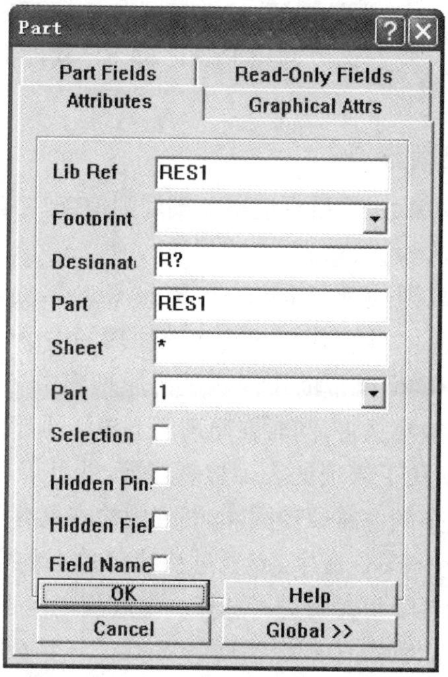

图 1.11　元件属性对话框

根据直流稳压电路原理图将所有的元件拖拽至文件中并放置在适当位置,对每个元件的属性进行设置,元件的具体操作可查看 3.12 节。

根据电路图的构思并按照前面的操作将所有元件放置到图纸上并将各个元件调整至适当位置后,下面就需要进行布线了。

执行画导线命令的方法有两种:一是用鼠标单击画原理图工具栏(Wiring Tools)中的

Wiring 图标；二是利用菜单命令 Place→Wire。执行以上操作后，单击鼠标左键，确定导线的起点，移动鼠标的位置，拖动线头至导线的末端，单击左键，确定导线的终点，即可得到电路原理图，如图 1.12 所示。对导线的操作和属性的设置可查看 3.13 节。

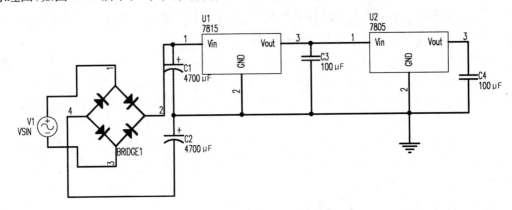

图 1.12 直流稳压电源电路原理图

在一些复杂的电路中，除了电路节点、电源和接地符合这些常见的元件符号外，可能还会用到网络标号、总线和输入、输出端口等，这些符号的使用可参考 3.14 节；另外有时系统中没有我们所需的元件，这时我们可以利用 Protel 99 SE 软件提供的平台制作我们所需的元件，具体操作见 3.15 节。

4）原理图的电气规则检查

原理图绘制完成后要先保存，然后再进行电气规则检查。文件的保存已在前面介绍过，这里不再重复。

原理图完成后的电气规则检查（Electrical Rule Check，简称 ERC），是在进行后期的 PCB 设计前不可忽略的步骤，它主要用于检查电路原理图中电气连接的完整性。根据用户指定和设置的项目参数，ERC 可以帮助用户测试出原理图中出错的部分，例如元件漏接或虚接等情况，并生成相应的检测报告，同时在原理图上出错的部位进行标注提示。

电气规则检查使用户避免了繁琐的人工检查步骤，并且可以更有针对性地对原理图进行检查，特别是对于一些复杂的电路原理图，电气规则检查具有无可替代的重要性。

通过执行菜单栏 Tools→ERC 命令，或通过快捷菜单上的"ERC"命令项，如图 1.13 所示，即可对电气规则检查的各项目参数进行选择。电气规则检查设置对话框有两个标签页，分别为"Setup"标签页和"Rule Matrix"标签页。"Setup"标签页的具体设置如图 1.14 所示，其中，"Sheets to Netlist"（电气检查范围）选择"Active sheet"（当前原理图），"Net Identifier Scope"（网络识别范围）选择"Sheet Symbol/Port Connections"（连接端口），该标签页参数的设置使系统在执行 ERC 检查后生成相应报表，同时会在原理图上显示错误标志。"Rule Matrix"标签页无需重新设置，采用系统默认参数即可。单击对话框中的"OK"按钮即可对原理图进行 ERC 了。

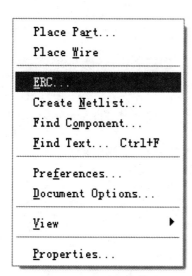

图 1.13 通过快捷菜单
调出 ERC 对话框

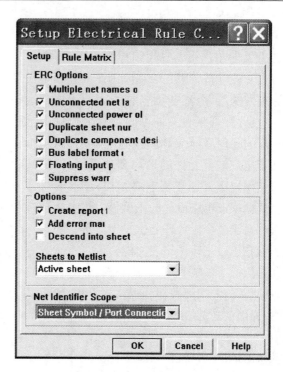

图 1.14 ERC 设置对话框

ERC 运行完成后系统会自动生成一个 ERC 报表文件,如图 1.15 所示。该报表标注了所检查的对象以及原理图中出错的具体情况和信息。根据该报表和原理图上的出错标志,用户可有针对性地进行修改,然后再次执行 ERC,直至无出错报告为止。

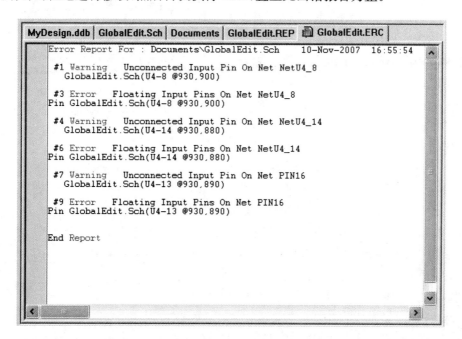

图 1.15 ERC 报表文件

5）生成报表文件

在对原理图进行电气规则检查无误后，需生成各种报表文件以备后用。绘制原理图的过程不仅仅单指原理图的绘制，还包括各种报表的生成。这些报表各有用途：网络表文件可以直接将原理图电路变换相应的元件后调至 PCB 文件中；元件清单报表文件便于用户进行元件的采购和预算；元件交叉参考表可使用户更好地了解电路结构；层次表可方便用户更好地验证电路设计的正确性。因此生成各种报表文件对于整个设计任务也是十分重要的。

下面我们以创建网络表文件为例。

通过执行菜单栏 Design→Create Netlist 命令，或通过热键"D"打开快捷菜单后点击"Create Netlist"命令，随后弹出创建网络表文件设置对话框，如图 1.16 所示。

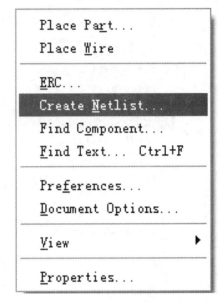

图 1.16　通过快捷菜单调出网络表文件对话框

在该对话框的"Preferences"标签页中，"Output Format"（输出格式）选为"Protel"，第二项代表网络识别范围，在下拉选项中选为"Sheet Symbol/Port Connections"，第三项代表生成网络表的范围选为当前项目，后面三个复选框均不需选中。"Trace Options"标签页上的设置无需修改，即系统不生成 Trace 文件。如图 1.17 所示，点击"OK"按钮从而生成如图 1.18 所示网络表文件。

网络表文件中的信息分为两块内容，一块是"[ ]"中的内容，一对方括号中出现的内容代表着原理图中某个元件的编号、元件类型和数值大小等基本信息，所以原理图中有多少个元件，在网络表中就会出现相同数目的"[ ]"；还有一块是"( )"中的内容，一对圆括号中出现的是相连的各个电气节点的名称，同时把它们作为一个电气网络。

学会查看网络表可以让用户更好地对原电路进行检查，同时也可以为以后的 PCB 设计提供便利。

执行菜单命令"Report"→"Bill of Material"出现新的对话框选择 Sheet 点击"下一步"，其他默认，直到倒数第二步将"Protel Format、CSV Format、Client Spreadsheet"全部选中点击"下一步"和"Finish"就生成了元件清单如图 1.19 所示。

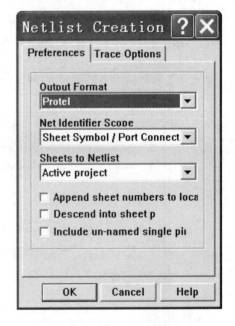

图 1.17　网络表文件设置对话框

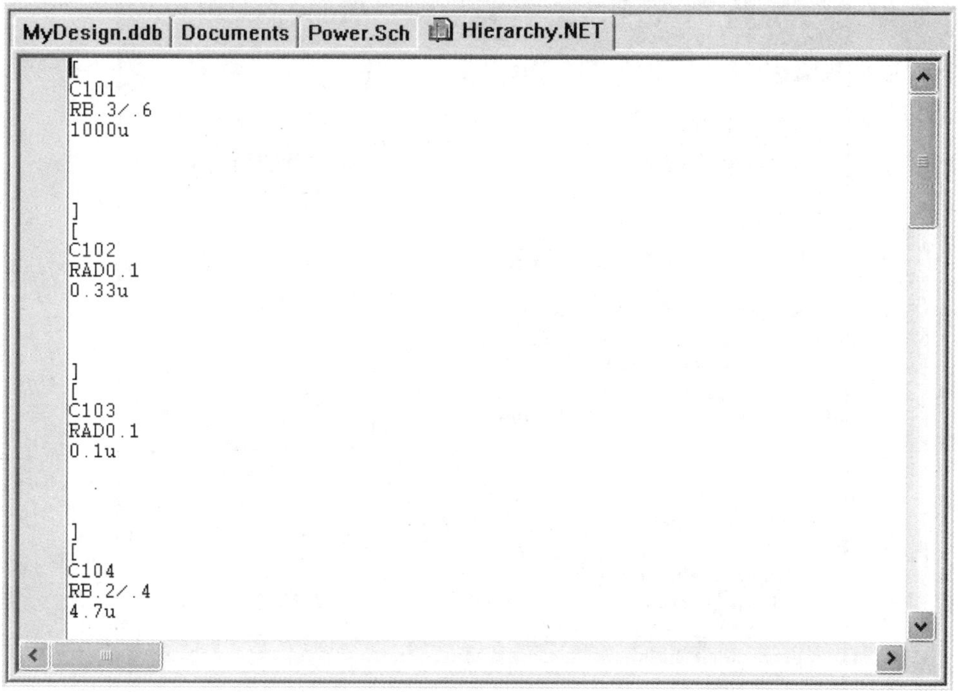

图 1.18　网络表文件

	A	B	C
1	Part Type	Designator	Footprint
2	1.0uF	C2	RB.2/.4
3	2k	R1	axial0.3
4	10uF	C3	RB.2/.4
5	50hz	220v	SIP2
6	100uF	C4	RB.2/.4
7	120	R2	axial0.3
8	500	R4	axial0.3
9	750	R3	axial0.3
10	1000uF	C1	RB.2/.4
11	BRIDGE1	D1	DIP4
12	IN4007	D4	DIODE0.4
13	IN4007	D2	DIODE0.4
14	IN4007	D3	DIODE0.4
15	LED	D0	DIODE0.4
16	LM317	U1	TO-220
17	SW SPST	S0	dip6
18	TRANS1	T1	sip2
19			
20			

图 1.19　元件清单

原理图设计好后，执行菜单栏“File→Setup Printer”命令，在弹出的如图 1.20 所示的对话框中进行相关设置即可把原理图打印输出了。打印输出的设置见后面 3.16 节。

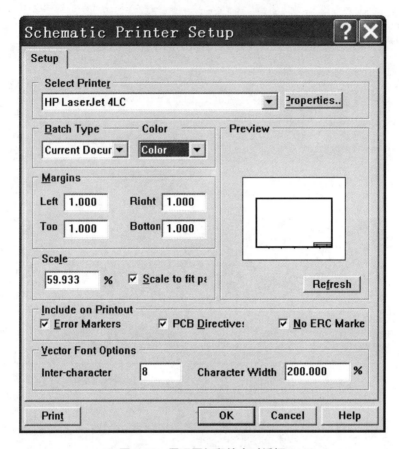

图 1.20 原理图打印输出对话框

1.2.2 印制电路板图的设计

印制电路板图,简称印制板,也称 PCB(Printed Circuit Board),是电子工业的重要部件之一。在当今信息化时代中,各种各样的电子产品数不胜数,而几乎每种电子产品,小到手机、遥控器,大到军用武器系统、大型医疗设备,只要是存在由电子元器件组成的集成电路,都是在印制板上完成并实现功能的。印制电路板图的设计和制造质量直接决定着整个产品的成本和质量,因此在当今电子行业竞争激烈的情况下,设计一款更高效、更简洁的印制板无疑为企业增添了更多胜算。

按照前面的介绍,在已设计完成电路原理图的基础上,印制电路板图设计的一般步骤如图 1.21 所示。当然如果是对于一些比较简单的电路,则可以省略画原理图这一步骤而直接进行印制电路板图的设计。

规划电路板

↓

设置环境参数

↓

载入并封装元件

↓

布线

↓

文件保存和输出

图 1.21 印制电路板图
设计的一般流程

1)规划电路板

用户在对所需设计的电路情况有所了解的基础上,要对电路板的大小、设计的层数、元件的封装以及安装位置等都要做一个初步的规划,从而确定电路板图设计的大概框架。

打开已完成原理图的设计库,执行菜单栏上的"File→New…"命令,在弹出的如图1.22所示的新建文件对话框中,选中"PCB Document"图标,并单击"OK"按钮从而创建一个新的 PCB 文件,在这里我们命名为"直流稳压电路",如图1.23所示。

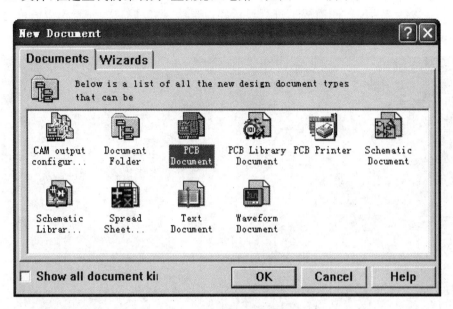

图 1.22 新建文件对话框

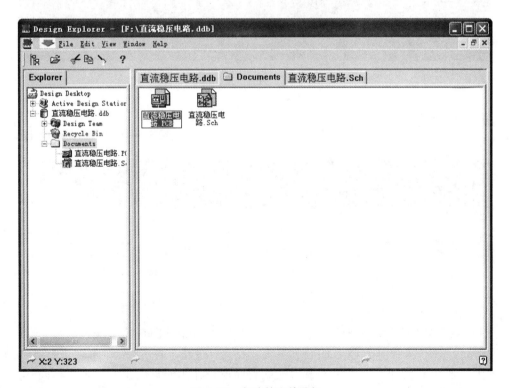

图 1.23 新建的文件图标

打开用户新建的 PCB 文件,为了在以后设计过程中便于找到板图块,我们需对工作区的相对原点进行设置。点击菜单栏中的"Edit→Origin→Set"命令,此时鼠标会变为如图 1.24 所示的十字形,然后在工作区中某处单击鼠标左键,即将该处设为了坐标原点,此后坐标都是在以该点为原点的前提下进行显示的。当然,相对原点的设置也可通过对象工具栏中的按钮来操作实现。

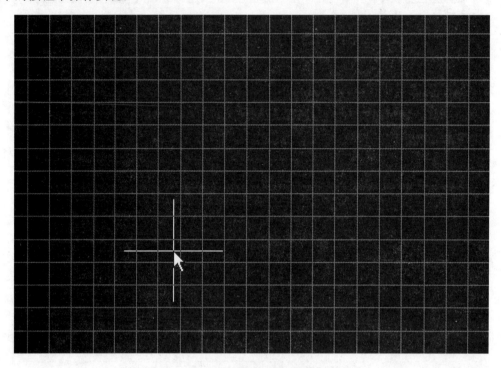

图 1.24 相对原点的设置

设置好相对原点后,将鼠标移至工作区下方的层标签栏,并选中"Keep Out Layer"按钮将当前层切换到禁止布线层上,如图 1.25 所示。

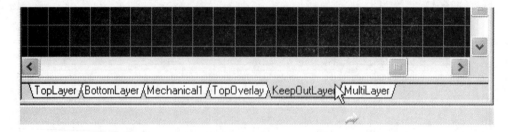

图 1.25 选中禁止布线层

执行菜单栏中的"Place→Keep Out→Track"命令,或通过对象工具栏中的相应按钮来绘制电气边框线,从而确定 PCB 的电气范围。在光标变为十字形后,就可以进行电气边框的绘制了,如图 1.26 所示。具体绘制方法同前面章节介绍的导线绘制的方法相同,边框绘制完成后,单击鼠标右键就可退出绘制边框线状态,值得一提的是,在画边框线的过程中,设计者需确保边框是密封的,否则后面的自动布线系统将无法完成。

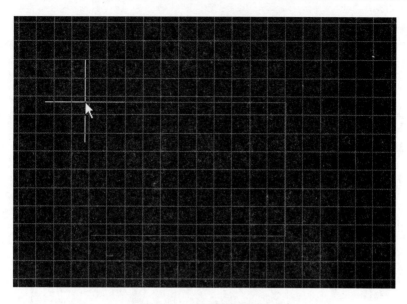

图 1.26 绘制电气边框线

在进行具体的印制电路板设计前,我们需对软件的各种设计环境参数进行设置,诸如元件的布置参数、层参数、布线参数等,这些参数的设置直接决定着所设计出的印制电路板的外貌形式。

2)元件的载入

元件的载入方式有两种,一种是在原理图文件中直接更新 PCB 文件,还有一种是通过设计原理图过程生成的网络表将相应元件自动载入到 PCB 文件中。

与以前版本不同,Protel 99 SE 增加了许多新的功能,其中之一就是允许用户在原理图文件中直接进行 PCB 文件的更新。如图 1.27 所示,在打开原理图文件的基础上,执行菜单栏"Design→Update PCB"命令,打开自动更新设置对话框。该对话栏用于设置原理图和 PCB 文件的同步属性,该对话框中的设置不仅可以使 PCB 板图随着电路原理图的改动而自动修改,反过来亦可以使系统按照 PCB 文件中的修改更新原理图文件,实现原理图和 PCB 文件之间的相互更新。用户设置好原理图与 PCB 文件的同步选项后,单击"Preview Change"按钮会弹出

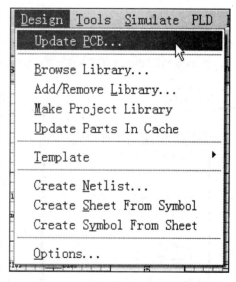

图 1.27 在原理图上直接更新 PCB 文件

如图 1.28 所示的预览对话框,按照修改后的原理图,生成的 PCB 图中的各种改动均会在该对话框中一一标注。"Only show errors"复选框用于仅显示出错处,而"Report"按钮则用于生成报表文件。设置好后,单击对话框下方的"Execute"按钮,即可在 PCB 文件中载入相应原理图中的元件及其连接关系。

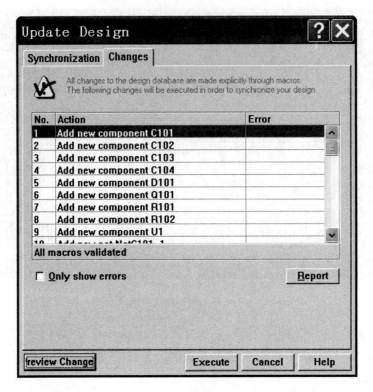

图 1.28　自动更新预览对话框

下面介绍一下网络表的引入,如图 1.29 所示,在新建的 PCB 文件中执行菜单栏"Design→Load Nets"命令,在弹出如图 1.30 的加载网络表对话框中,点击右边的"Browse"按钮,选择需要加载的网络表文件,然后点击对话框下方的"Execute"即完成元件的载入。

图 1.29　执行网络表的加载

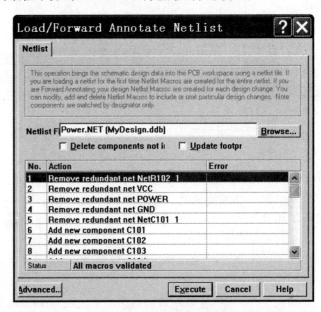

图 1.30　网络表载入对话框

在现实中,每种元件的外形特征是多种多样的,因此为了使设计出的 PCB 板图更好地用于实际生产中,我们需对各个元件进行封装,也即给各个元件选择相应的外形,从而保证电路元件与实际器件的匹配性。

很多初学者在进行网络表的加载时并不能一次成功,往往会遇到许多问题,下面介绍几种常见的错误:"Error：Footprint*** not found in Library"意即原理图中的元件没有指定封装形式,或在当前封装库中没有定义;"Warning：Alternative footprint*** "意即虽然在当前封装库中没有定义元件的封装,但系统自动替换了该元件的其他封装形式;"Error：Component not found"意即找不到对应元件,一般该错误可通过改正元件封装修正。

3）元件的布线

将各个元件调整至适当位置后就可以对板图进行布线了。布线是通过电气导线将各个元件连接起来。布线有自动布线和手动布线两种方式,一般情况下,特别是在一些较为复杂的电路设计中,自动布线更受用户的青睐。

在对元件布线前首先要对元件进行布局。布局的一般思路是先按功能模块对整体进行规划,然后将相互连接着的元件尽量靠近。在布局的过程中,用户对元件的移动和旋转等操作是很频繁的,而这些操作同原理图中的元件操作是完全一致的,这里就不再多作介绍了。

布局完成后,就可以进行元件的布线了。这里我们仅介绍 PCB 的自动布线功能。

执行菜单栏"Auto Route→All"命令,在弹出的如图 1.31 所示的对话框中对布线的相关参数进行设置,一般情况下,采用对话框中的默认设置,单击对话框下方的"Route All"按钮,系统就开始对电路板进行自动布线。布线完成后系统会弹出如图 1.32 所示的布线信息对话框,该对话框显示了布线的大致情况和结果,一般重点关注第一项,即布线完成情况。

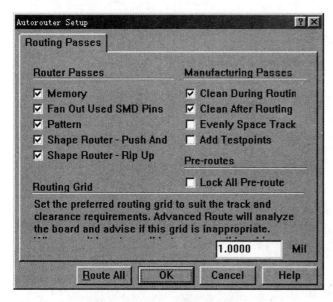

图 1.31　自动布线设置对话框

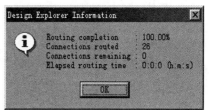

图 1.32　布线信息对话框

点击图 1.32 对话框中的"OK"按钮,得到布线完成后的直流稳压电路的 PCB 图,如图 1.33 所示。

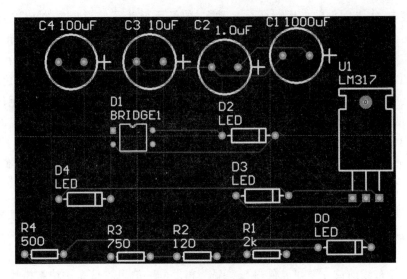

图 1.33　直流稳压电路 PCB 图

4）PCB 板图的检测

为检测设计是否符合设计规则，我们可以对所设计的板图进行设计规则检查（Design Rule Check，简称 DRC）。DRC 可以帮助我们检测出我们肉眼无法识别的差错，诸如安全差错、线宽冲突差错以及未连接引脚引起的差错等。在一般情况下，用户主要检查的是引脚的连接性以及是否存在冲突等情况。

执行菜单栏"Tools→Design Rule Check"命令，在弹出的如图 1.34 所示的对话框中选择需要检查的内容项，然后点击对话框左下角的"Run DRC"按钮，开始检测。

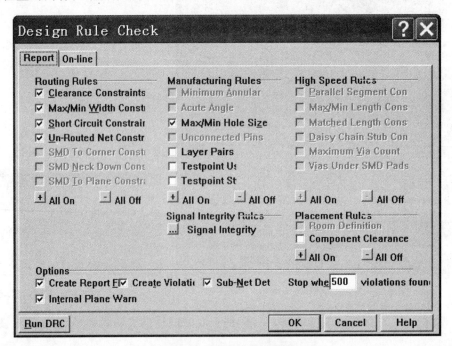

图 1.34　DRC 设置对话框

DRC 运行完成后，系统会自动生成一份报表文件，如图 1.35 所示，该报表记录了 DRC 的运行参数以及在运行过程中检测到的相应冲突信息。

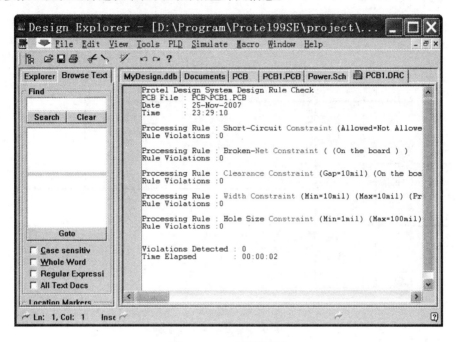

图 1.35 DRC 运行报表

5）PCB 文件的保存和输出

PCB 文件的保存和原理图设计文件的保存方法相同，输出的具体操作略有不同。在打印设计板图前我们可先预览下效果，单击菜单栏的"File→Print→Preview"命令，即可对需要打印输出的文件进行预览，同时在该界面，我们还可通过执行"File→Setup Printer"命令对打印机的各个参数进行设置，具体如图 1.36 所示，设置完成后，单击"OK"按钮，完成文件的输出。

1.2.3 仿真

Protel 99 SE 软件除了为用户提供原理图的设计和 PCB 板图的设计外，软件还提供了仿真模块，用于对用户所设计的方案进行仿真检测并优化。

1）仿真原理图的绘制及设置

仿真原理图也是在原理图文件上绘制完成的，所不同的是直流稳压电路所需的相应

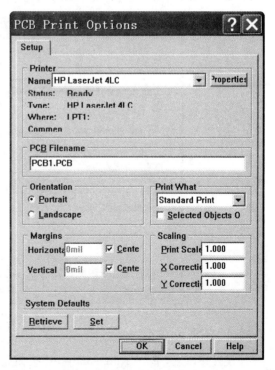

图 1.36 打印参数设置对话框

23

元件及激励源应从仿真库 Simulation Symbols. lib 中选择绘制，具体操作同原理图部分相似，完成后的仿真原理图如图 1.37 所示。

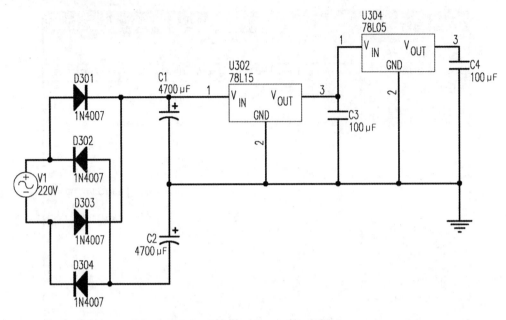

图 1.37　直流稳压电路仿真原理图

画好电路图后通过菜单栏中的"Tools→ERC"进行电气检测，然后点击菜单栏中的"Simulate→Setup.."进行仿真参数的设置(图 1.38)，这里我们对电路进行瞬态分析。

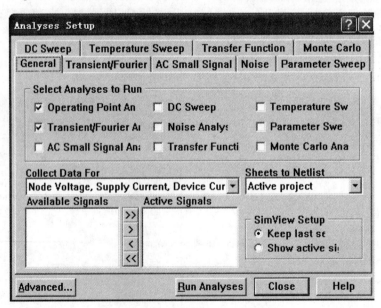

图 1.38　设置仿真参数对话框

设置完以后，单击"Run Analyses"按钮就可以对电路开始仿真，如果点击的是"Close"按钮，则对话框关闭后可通过"Simulate→Run"菜单实现仿真。

在仿真设置后,将生成".cfg"文件。该文件以文本的方式记录下了仿真器的设置环境。

2) 仿真结果

根据仿真图中放置的节点网络标号,仿真后我们可以观察到指定节点随时间的电压波形的变化,如图 1.39～图 1.42 所示。

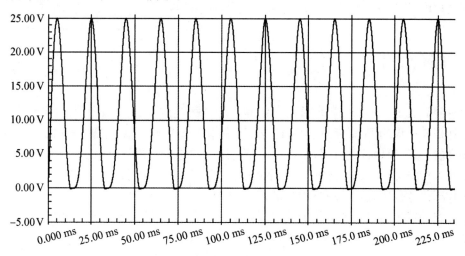

图 1.39　整流桥节点输出波形图

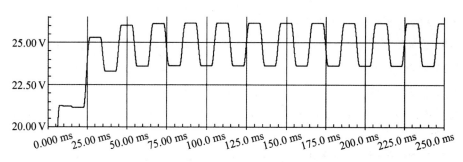

图 1.40　滤波后的电路仿真波形图

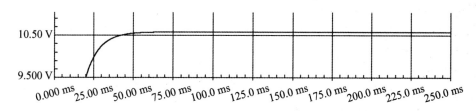

图 1.41　最终输出波形图

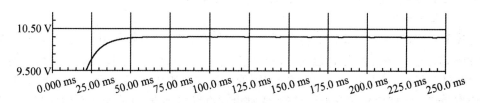

图 1.42　R4 阻值改变后的输出波形图

1.2.4　小结

本节通过直流稳压电路这一实例,介绍了电路设计系统的整个设计及生产流程,同时通过这一实例,也向读者介绍了 Protel 99 SE 软件的使用和操作,其中对 Protel 99 SE 软件中的原理图模块、PCB 板图模块和仿真模块进行了详细的说明。

1.3　综合案例

通过前面对 Protel 99 SE 软件的介绍和学习,我们已经知道了如何通过设计原理图电路来设计生成相应的 PCB 板图,但这还并不是芯片制造的全过程,根据设计的 PCB 板图制造出相应的 PCB 板后,还要在板上将电路搭建起来并进行功能测试,这些全完成了,芯片才能真正投入市场使用。Protel 99 SE 软件的设计部分只是整个芯片制造过程的基础,后面的实际操作部分才是决定产品质量的关键。

本节我们将先通过一个具体的例子详细介绍电路的搭建和功能测试,然后准备了几个实训便于读者进一步掌握 Protel 99 SE 软件的使用和整个设计制造过程。

1.3.1　流水灯控制电路设计

流水灯控制电路是常见的单片机控制电路,包括单片机最小系统(单片机、时钟电路、复位电路、电源)和流水灯电路。在本设计实例中重点介绍一下总线和网络标号的绘制。

1)绘制电路原理图

(1)新建设计文件

在做具体的设计前,首先要在 Protel 99 SE 中建立一个新的设计任务,本设计实例任务取名为"流水灯控制电路"。

(2)设置图纸参数

设置图纸参数,就是要设置电路图纸的图纸方向、幅面尺寸和标题栏等各种参数,根据本实例对图纸提出以下基本要求:

① 图纸的幅面尺寸为 A4;

② 图纸的方向为水平放置;

③ 图纸标题栏采用标准型;

④ 填写图纸设计信息。

(3)放置元器件和设置元器件属性

放置元器件和设置元器件属性的具体操作详见附录。

(4)原理图布线

原理图布线,就是在放置好的各个相互独立的元器件之间,按照设计要求,通过放置导线、网络标识、电源/接地符号和总线等建立电气连接关系。导线连接是最常用的一种布线手段,网络标号同样具有电气连接意义,相同网络标号的引脚之间实际上是相连的,只不过其间没有导线。总线区别于其他的导线,它是没有电气连接意义的,引入总线的目的是为了简化图纸的绘制,使图纸简洁、清晰。

下面简单介绍一下放置网络标号和总线的方法和步骤。

① 采用放置网络标号的方法，将单片机 P89C54X2BN 的 39 脚和电阻 R2 的一个引脚"连接"起来，具体操作步骤如下：

a. 执行放置网络标号的命令，单击放置工具栏（WritingTools）中的"Net"按钮；

b. 执行完放置网络标号命令后，光标变为十字形状，并出现一个随鼠标光标移动而移动的虚线方框；

c. 设置网络标号的属性。按下"Tab"键，弹出"Net Label"（网路标号属性）对话框。在网络标号中输入"P00"，其他选项使用缺省设置，单击"OK"按钮确认。

d. 将虚线框移到 P89C54X2BN 的第 39 脚上方，当出现黑色圆点后，单击鼠标左键确认，即可将网络标号"粘贴"上去；

e. 放置完一个网络标号后，系统仍会处于放置状态，此时可以继续放置其他的网络标号。单击鼠标右键或者按"Esc"键可退出放置网络标号的命令状态；

f. 重复上面的操作，在电阻 R2 的引脚上放置名称为"P00"的网络标号，这样就使具有相同网络标号的引脚具有了电气意义上的连接关系。

② 放置总线前，首先需要用户在对应引脚上放置网络标号。本案例中需要用总线将 P0 口与 8 个电阻通过总线连接在一起。方法如下：

a. 执行放置总线的命令，单击放置工具栏（Writing Tools）中的▒ 按钮。

b. 放置总线。执行放置总线的命令后，鼠标处出现十字光标，接着就可以进行放置总线的工作了。首先，在适当的位置单击鼠标左键以确定总线的起点。

c. 移动鼠标光标开始画总线。在每个转折点单击鼠标左键确认绘制的这一段总线，在末尾处单击鼠标左键确认总线的终点，最后单击鼠标右键结束一条总线的绘制工作。

d. 绘制好总线后，用户还要将导线与总线"相连"，执行画总线分支命令。单击放置工具栏（Writing Tools）中的▒ 按钮。

e. 放置并调整总线分支线的方向，放置总线分支线时，只要将十字光标移动到需要的位置，单击鼠标左键，即可将分支线放置在当前位置。然后就可以继续放置其他的分支线。

根据上面介绍的放置网络标号和总线的方法，绘制完其他的部分，最终绘制好的流水灯控制电路如图 1.43 所示。

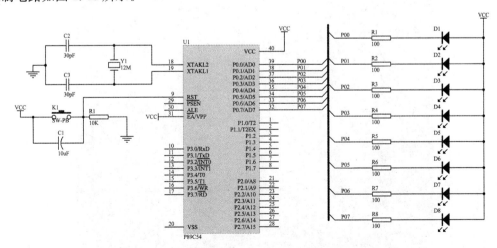

图 1.43　流水灯控制电路原理图

（5）原理图的电气规则检查和生成报表文件

原理图绘制完成后要先保存，然后进行电气规则检查。检查无误后，生成报表文件。

2）印制电路板（PCB）的设计

（1）启动 PCB 编辑器

在进行印制电路板设计之前，首先要新建一个 PCB 文件并进入 PCB 编辑器。打开已完成的原理图的设计库，执行菜单栏上的"File→New..."命令，在弹出的新建文件对话框中，选中"PCB Document"图标，并单击"OK"按钮从而创建一个新的 PCB 文件。

（2）规划电路板

打开新建的 PCB 文件，设置好相对原点后，绘制电气边框线，从而确定 PCB 的电气范围。具体操作详见第 3 章相关内容。

（3）载入网络表

在新建的 PCB 文件中执行菜单栏"Design→Load Nets"命令，在弹出加载网络表对话框中，点击右边的"Browse"按钮，选择需要加载的网络表文件，然后点击对话框下方的"Execute"即完成元件的载入。

（4）元器件布局

元器件布局的方法可参照前面案例或者第 3 章相关内容。

（5）电路板布线

元器件布局完成后，接下来就应当进行电路板的布线了。与元器件的布局一样，电路板的布线也有两种基本方法，即自动布线和手动布线。

（6）DCR 设计校验

电路板布线完成后，为了保证电路板上所有的网络连接正确无误，完全符合电路板布线设计规则和设计者的要求，应当对电路板进行 DRC 设计校验。图 1.44 为流水灯控制电路最终的 PCB 板图。

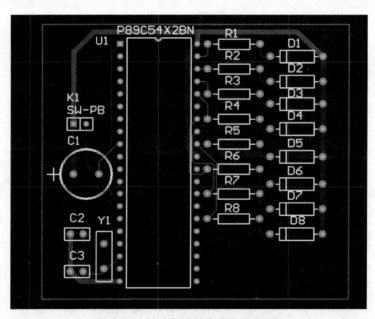

图 1.44　流水灯控制电路 PCB 板图

1.3.2 八路抢答器电路

八路抢答器电路是常见的数字控制电路,包括优先编码电路、锁存电路、译码显示电路、报警指示电路等部分。本设计实例重点介绍一下原理图符号的绘制方法。

1)绘制电路原理图

(1)新建设计文件

在做具体的设计前,首先要在 Protel 99 SE 中建立一个新的设计任务,本设计实例任务取名为"八路抢答器电路"。

(2)设置图纸参数

根据本实例对图纸提出以下基本要求:

① 图纸的幅面尺寸为 A4;

② 图纸的方向为水平放置;

③ 图纸标题栏采用标准型;

④ 填写图纸设计信息。

(3)放置元器件和设置元器件属性

具体操作步骤同前面的实例相同。但是本设计实例中的部分元器件在 Protel 99 SE 现有的原理图符号库中查找不到,这就需要用户自己绘制相应的原理图符号。当用户需要绘制新的原理图符号时,最好给新的元器件创建独立的原理图符号库,并将它们分门别类地存储,将对后续的绘图工作大有帮助。下面以 SN74LS48 为例介绍一下绘制原理图符号的步骤:

① 创建用户自己的原理图符号库,首先选取菜单命令"File/New",新建一个设计数据库文件,并进入数据库文件夹。接着选取菜单命令"File→New...",在弹出的"New Document"对话框中双击对应图标,创建一个新的原理图符号库文件。双击该文件图标进入原理图符号库编辑器。

② 首先绘制一个矩形。单击工具栏中的绘制矩形工作按钮,接着鼠标处出现十字指针,按"Tab"键,系统弹出"Rectangle"(矩形属性)对话框,在该对话框中设置相关参数。设置完成后,单击"OK"按钮确认。接着移动鼠标光标到合适的位置,单击鼠标左键两次放置矩形,按"Esc"键退出命令状态。

③ 放置元器件引脚。单击原理图符号绘制工具栏上的管脚按钮,此时鼠标指针处出现十字光标,并伴随有一个引脚跟随鼠标光标移动,如图 1.45 所示。图中灰色的圆点即为电气热点,是引脚上具有电气连接意义的特殊"点"。按下"Tab"键,系统会弹出"Pin"(引脚属性)对话框,主要对引脚名称和引脚编号进行设置。最终设置结果如图 1.46 所示。

④ 将引脚移动到合适的位置后,单击鼠标左键放置引脚。

⑤ 重复上一步,依次完成剩余引脚的放置。

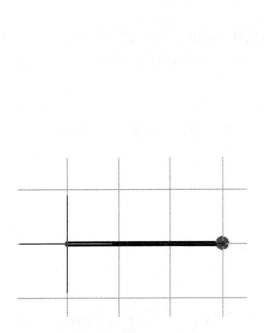

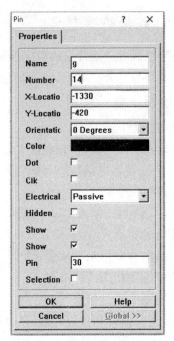

图 1.45　执行放置引脚命令　　　　　图 1.46　引脚设置属性

（4）原理图布线

原理图布线的步骤参照前面的实例。最终绘制好的八路抢答器电路如图 1.47 所示。

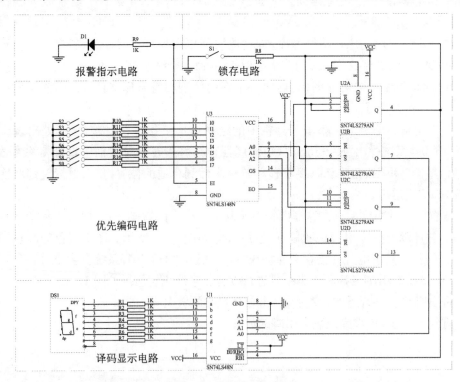

图 1.47　八路抢答器电路

（5）原理图的电气规则检查和生成报表文件

原理图绘制完成后要先保存，然后进行电气规则检查。检查无误后，生成报表文件。

2）印制电路板（PCB）的设计

（1）启动 PCB 编辑器

在进行印制电路板设计之前，首先要新建一个 PCB 文件并进入 PCB 编辑器。打开已完成的原理图的设计库，执行菜单栏上的"File→New…"命令，在弹出的新建文件对话框中，选中"PCB Document"图标，并单击"OK"按钮从而创建一个新的 PCB 文件。

（2）规划电路板

打开新建的 PCB 文件，设置好相对原点后，绘制电气边框线，从而确定 PCB 的电气范围。

（3）载入网络表

在新建的 PCB 文件中执行菜单栏"Design→Load Nets"命令，在弹出的加载网络表对话框中，点击右边的"Browse"按钮，选择需要加载的网络表文件，然后点击对话框下方的"Execute"即完成元件的载入。

（4）元器件布局

元器件布局的方法可参照前面软件介绍部分的内容。

（5）电路板布线

元器件布局完成后，接下来就应当进行电路板的布线了。与元器件的布局一样，电路板的布线也有两种基本方法，即自动布线和手动布线。布线方法详见第 3 章。

（6）DRC 设计校验

电路板布线完成后，为了保证电路板上所有的网络连接正确无误，完全符合电路板布线设计规则和设计者的要求，应当对电路板进行 DRC 设计校验。具体步骤详见第 3 章。图 1.48 为八路抢答器电路最终的 PCB 板图。

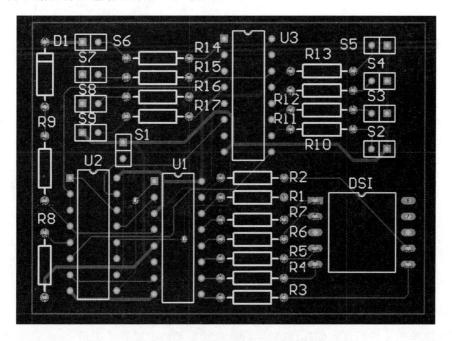

图 1.48　八路抢答器电路 PCB 板图

1.3.3　基于单片机的交通灯电路

本实例是一个模拟十字路口交通灯的单片机控制电路,通过 STC89C52 单片机控制东西、南北两组红、黄、绿发光二极管模拟十字路口交通灯有规律地点亮。本实例电路较为简单,主要要学会制作和修改 PCB 封装元件。

　1)绘制电路原理图

(1)新建设计文件

在做具体的设计前,首先要在 Protel 99 SE 中建立一个新的设计任务,本设计实例任务取名为"基于单片机的交通灯电路"。

(2)设置图纸参数

接下来要做的就是设置图纸参数,根据本实例对图纸提出以下基本要求:

① 图纸的幅面尺寸为 A4;

② 图纸的方向为水平放置;

③ 图纸标题栏采用标准型;

④ 填写图纸设计信息。

(3)放置元器件和设置元器件属性

具体操作步骤同前面的实例相同。

(4)原理图布线

在调整好元器件在图纸上的位置并设置好元器件属性后,接下来就可以开始在原理图上布线了。最终绘制好的基于单片机的交通灯电路如图 1.49 所示。

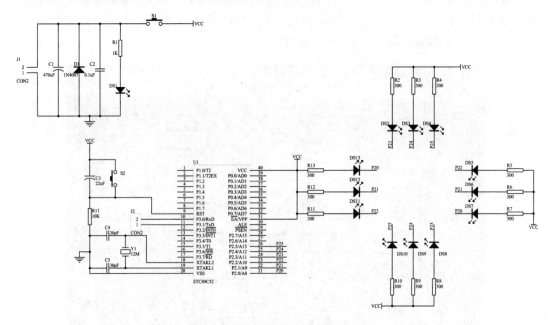

图 1.49　基于单片机的交通灯电路

(5)原理图的电气规则检查和生成报表文件

原理图绘制完成后要先保存,然后进行电气规则检查。检查无误后,生成报表文件。

2）印制电路板（PCB）的设计

（1）启动 PCB 编辑器

在进行印制电路板设计之前，首先要新建一个 PCB 文件并进入 PCB 编辑器。打开已完成的原理图的设计库，执行菜单栏上的"File→New..."命令，在弹出的新建文件对话框中，选中"PCB Document"图标，并单击"OK"按钮从而创建一个新的 PCB 文件。

（2）规划电路板

打开新建的 PCB 文件，设置好相对原点后，绘制电气边框线，从而确定 PCB 的电气范围。

（3）载入网络表

在新建的 PCB 文件中执行菜单栏"Design→Load Nets"命令，在弹出的加载网络表对话框中，点击右边的"Browse"按钮，选择需要加载的网络表文件，此时程序开始自动生成相应的网络宏。如果生成网络宏出现错误，如图 1.50 所示，用户必须要找到错误所在并且解决之后再次载入网络表格和元器件封装。

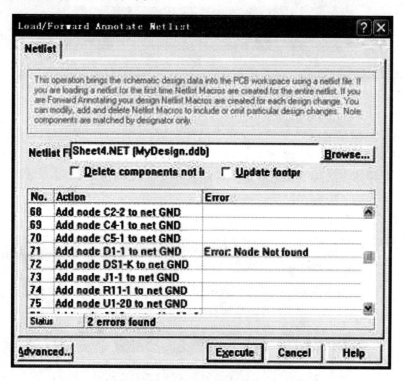

图 1.50　加载网络表对话框

通过研究发现，普通二极管的原理图符号的引脚序号是使用数字表示的，而它所对应的元器件封装（DIODE - 0.4）中焊盘序号是使用字母来表示的。既然二极管原理图符号的引脚序号与相应的元器件封装的焊盘序号没有形成正确的对应关系，那么在加载网络表和元器件封装的时候系统就会报错。解决的方法有以下两种：绘制新的元器件封装和修改元器件的封装。本设计实例采用修改元器件焊盘序号的方法来调整原理图符号与元器件封装之间的对应关系。具体操作步骤如下：

① 单击工具栏中的按钮,系统弹出"Open Design Database"(打开数据库文件)对话框,在对话框中找到数据库文件"Miscellaneous. ddb",然后单击打开;

② 进入数据库文件夹,双击打开"Miscellaneous. lib"文件,进入元器件封装库编辑器;

③ 在元器件封装库编辑器管理窗口中的元器件封装列表框里找到"DIODE - 0. 4",单击鼠标左键,此时该元器件的封装便会出现在工作窗口中,如图 1.51 所示;

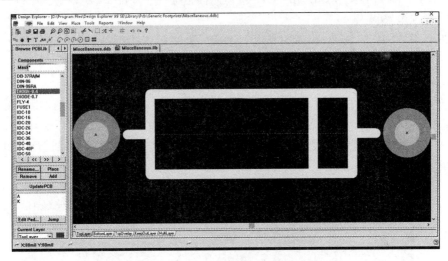

图 1.51　进入元器件封装库编辑器

④ 将鼠标光标移动到焊盘 A 上,双击鼠标左键,系统会弹出"Pad"对话框,将其中的"Designator"项由原来的"A"修改为"1",其他不做修改。

⑤ 根据同样的方法,将焊盘"K"的序号修改为"2",修改完成后的结果如图 1.52 所示。

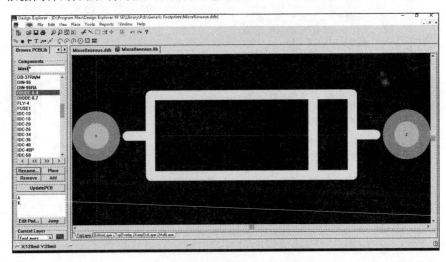

图 1.52　修改焊盘序号后的结果

⑥ 单击元器件封装库编辑器管理窗口中的"UpdataPCB"按钮,更新当前 PCB 文件中的二极管封装,单击主工具栏的保存按钮,保存所做的修改。

这样就解决了之前所产生的错误,用户可以重新载入网络表格和元器件封装。

（4）元器件布局

元器件布局的方法可参照前面软件介绍部分的内容。

（5）电路板布线

元器件布局完成后,接下来就应当进行电路板的布线了。与元器件的布局一样,电路板的布线也有两种基本方法,即自动布线和手动布线。

（6）DRC 设计校验

电路板布线完成后,为了保证电路板上所有的网络连接正确无误,完全符合电路板布线设计规则和设计者的要求,应当对电路板进行 DRC 设计校验。图 1.53 为基于单片机的交通灯电路最终的 PCB 板图。

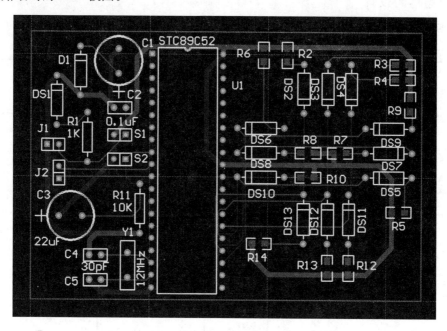

图 1.53　基于单片机的交通灯电路 PCB 板图

1.3.4　函数信号发生器的设计与调试

函数信号发生器用于产生方波、三角波和正弦波。

如图 1.54 所示为该函数信号发生器的结构框图,从图中可以看出,该信号发生器由以下三部分组成,分别是方波产生电路、三角波产生电路和正弦波产生电路。方波产生电路主要由比较器构成,而积分器则可把前面产生的方波信号变为三角波输出,通过滑动变阻器的调节,使三角波的幅度以及电路的对称性得到改善,然后通过差分放大器,并利用隔

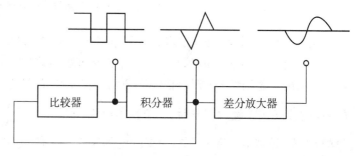

图 1.54　信号发生器机构图

直电容、滤波电容来改善和输出正弦波。

在本例中要求设计一个可输出方波、三角波和正弦波信号的函数信号发生器；输出频率要求在 $1\sim10$ kHz 范围内连续可调，并且无明显失真；方波的峰峰值 $U_{opp}=12$ V，上升、下降沿小于 $10\ \mu s$，占空比可调范围为 $30\%\sim70\%$；三角波和正弦波的峰峰值分别满足 $U_{opp}=8$ V 和 $U_{opp}=1$ V；三种输出波形的峰峰值 U_{opp} 均可在 $1\sim10$ V 内连续可调；三种输出波形的输出阻抗小于 $100\ \Omega$。

根据设计框架和要求，我们首先需将电路设计出来，然后利用 Protel 99 SE 软件绘制并设计 PCB 板，然后在制作出的板上搭建并测试电路性能。

1）电路的设计

根据框架图和功能要求，先设计出方波-三角波产生电路，如图 1.55 所示。

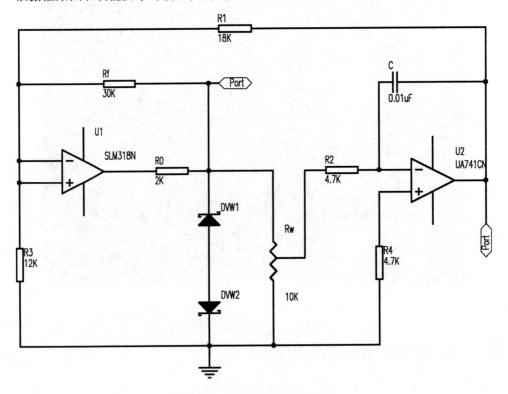

图 1.55　方波-三角波产生电路

如图 1.55 所示，运放 SLM318N 用于产生三角波，UA741CN 则用于产生正弦波。图中选取的 R_2 为 4.7 kΩ，C 为 0.01 μF。R_4 为平衡电阻，应与 R_2 选取同样的阻值，即 4.7 kΩ。电路中的两个稳压管 DVW1 和 DVW2 用于决定输出方波的幅度大小，因此这两个稳压管的稳压值为 6 V。经过积分后，三角波的幅度为 $U_{o2m}=\pm\dfrac{R_1}{R_f}(U_Z+U_d)$，因此，根据要求，选取的 R_1 为 18 kΩ，R_f 为 30 kΩ，两者的比值为 $2:3$。R_3 为平衡电阻，阻值为 R_1 和 R_f 并联的值，故 R_3 取 12 kΩ，选取限流电阻 R_0 的阻值为 2 kΩ。

方波和三角波的振荡频率公式为 $f=\dfrac{1}{T}=\dfrac{\alpha R_f}{4R_1R_2C}$，式中 α 为滑动变阻器 R_w 的滑动比，

调节 R_W 即可对振荡频率进行调节。

图 1.56 为三角波-正弦波的产生电路,图中 R_{W1} 用于调节三角波的幅值大小,R_{W2} 用于调整电路的对称性,并联电阻 R_E 用来减小差分放大器传输特性曲线的线性区,电容 C_1、C_2、C_3 起到隔直流的作用,C_4 用于滤波。

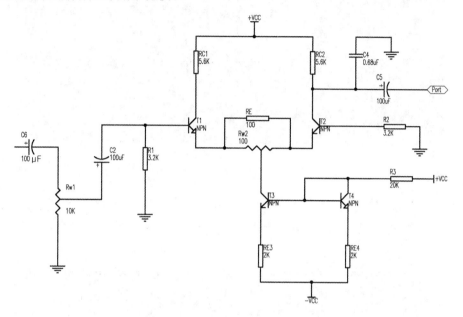

图 1.56 三角波-正弦波产生电路

结合图 1.55 和图 1.56,得到如图 1.57 所示的函数信号发生器电路图。

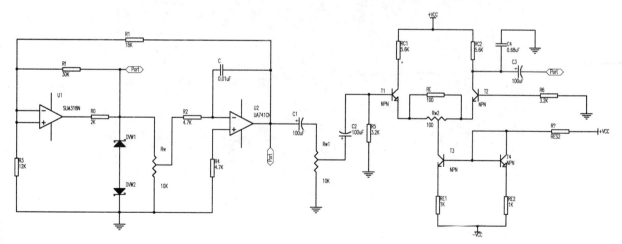

图 1.57 函数信号发生器电路图

2) PCB 板图的设计

按照设计的电路图,利用 Protel 99 SE 软件设计出相应的 PCB 板。

先在软件中绘出原理图电路。然后用软件生成如图 1.58 所示的 PCB 板,再进行排版布线。

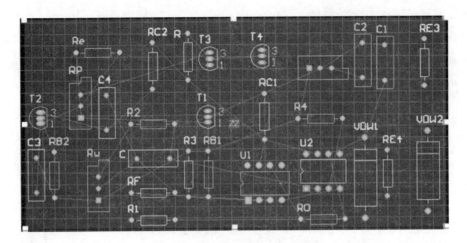

图 1.58　Protel 99 SE 中生成的 PCB 文件

3）实物的制作

将设计完成的 PCB 板图送到相关单位加工完成，并配齐元器件之后，就可在板上搭建电路了，这里我们用通用板。搭建完成的电路板如图 1.59 所示。

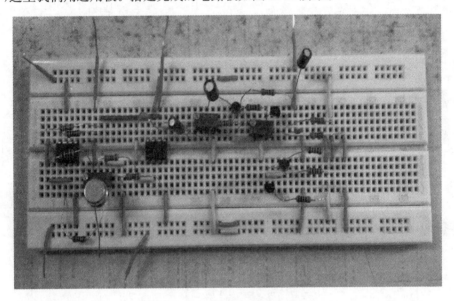

图 1.59　完成的电路板实物

4）性能检测

下面是整个设计制造环节的最后一节，同时也是决定产品是否合格的关键环节，即性能检测。

给实物电路提供电源后，通过示波器可观察到电路上的相应输出端分别输出了方波、三角波和正弦波，如图 1.60～图 1.62 所示，调节相关旋钮可观察并记录成品性能是否满足要求，如有问题，修改相应出错处，直至测试值满足性能要求，整个芯片的设计制作过程也圆满结束。

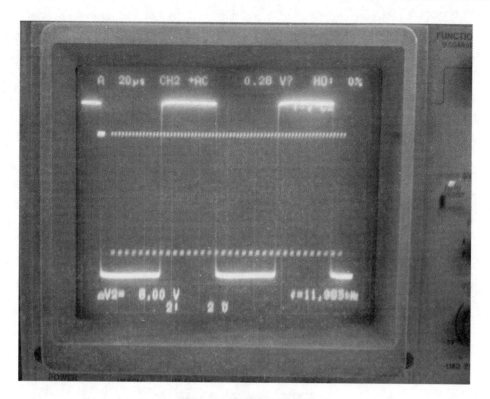

图 1.60　检测输出的方波

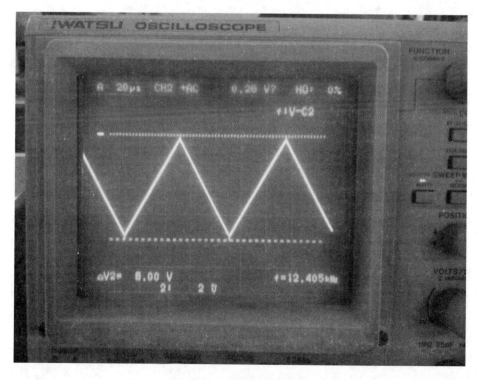

图 1.61　检测输出的三角波

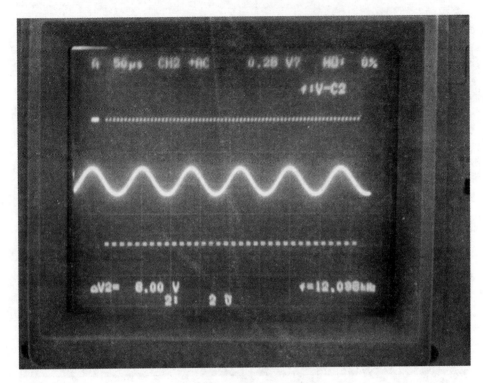

图 1.62　检测输出的正弦波

1.3.5　小结

本节通过四个实例,介绍了电路设计系统的整个设计过程,同时通过这四个实例向读者介绍了 Protel 99 SE 软件的使用和操作,其中对原理图设计、原理图库设计、PCB 板图设计和元器件封装库设计都进行了简单的说明。

第 2 章　Altium Designer 软件介绍

2.1　Altium Designer 简介

随着科技的进步和发展,电子产品种类众多、功能强大,因此电路板的设计需求也越来越多。电路板(Printed Circuit Board,简称 PCB),又称印制电路板,因此电路板设计也叫 PCB 设计。Altium Designer 是 Altium 公司(2001 年以前是 Protel 公司)为电子设计师和电子工程师推出的一体化电子产品开发系统,几乎包含了完整的电子产品开发最需要的技术和功能。Altium Designer 通过把原理图设计、电路仿真、PCB 设计、信号完整性分析等技术完美融合,使设计者对电子产品的设计效率大大提高。

Altium Designer 不仅包含早期 Protel 99 SE 等一系列版本的功能和优点,还综合了 FPGA 系统设计和嵌入式系统软件设计功能等,使得 Altium Designer 对于电子产品开发提供了完整了解决方案。Altium Designer Summer 09 的发布延续了连续不断的新特性和新技术的应用过程。这必将帮助用户更轻松地创建下一代电子设计。同时,也将令 Altium Designer 更符合电子设计师的要求。Altium 的一体化设计结构将硬件、软件和可编程硬件集合在一个单一的环境中,这将令用户自由地探索新的设计构想。在整个设计构成中,每个人都使用同一个设计界面。

2.1.1　Altium Designer Summer 09 的特点

Altium Designer Summer 09 版本解决了大量历史遗留的工具问题。其中就包括了增加更多的机械层设置、增强的原理图网络类定义。新版本中更关注于改进测试点的分配和管理、精简嵌入式软件开发、软设计中智能化调试和流畅的 License 管理等功能。

1)电路板设计

(1)增强了图形化 DRC 违规显示

改进了在线实时及批量 DRC 检测中显示的传统违规的图形化信息,其涵盖了主要的设计规则。利用与一个可定义的指示违规信息的掩盖图形的合成,用户现在已经可以更灵活地解决出现在设计中的 DRC 错误。

(2)用户自定义 PCB 布线网络颜色

允许用户在 PCB 文件中自定义布线网络显示的颜色。现在,用户完全可以使用一种指定的颜色替代常用当前板层颜色作为布线网络显示的颜色,并将该特性延伸到图形叠层模式,进一步增强了 PCB 的可视化特性。

(3)PCB 板机械层设定增加到 32 层

板级设计新增了 16 个机械层定义,使总的机械层定义达到 32 层。

(4)改进了 DirectX 图形重建速度

PCB 应用中增强了 DirectX 图形引擎的功能,直接关系到图形重建的速度。由于图形重建是不常用到的,如果不是非常必要,将不再执行重建的操作;同时也优化了 DirectX 数据填充特性。经过测试,Altium Designer Summer 09 将在原版本的基础上提升 20％的图形处理性能。

2) 前端设计

(1) 按区域定义原理图网络类功能

允许用户使用网络类标签功能在原理图设计中将所涵盖的每条信号线纳入到自定义网络类之中。当从原理图创建 PCB 时,就可以将自定义的网络类引入到 PCB 规则。使用这种方式定义网络的分配,将不再需要担心耗费时间、原理图中网络定义的混乱等问题。Altium Designer Summer 09 版本将提供更加流畅、高效和整齐的网络类定义的新模式。

(2) 装配变量和板级元件标号的图形编辑功能

提供了装配变量和板级元件标号的图形编辑功能。在编译后的原理图源文件中就可以了解装配变量和修改板级元件标号,这个新的特性将令你从设计的源头就可以快速、高效地完成设计的变更;对于装配变量和板级元件标号变更操作,更重要的是这将提供一种更快速、更直观的变通方法。

3) 软件设计

(1) 支持 C++高级语法格式的软件开发

由于软件开发技术的进步,使用更高级、更抽象的软件开发语言和工具已经成为必然:从机器语言到汇编语言,再到过程化语言和面向对象的语言。Altium Designer Summer 09 版本现在可以支持 C++软件开发语言(一种更高级的语言),包括软件的编译和调试功能。

(2) 基于 Wishbone 协议的探针仪器

新增了一款基于 Wishbone 协议的探针仪器(WB_PROBE)。该仪器是一个 Wishbone 主端元件,因此允许用户利用探针仪器与 Wishbone 总线相连去探测兼容 Wishbone 协议的从设备。通过实时运行的调试面板,用户就可以观察和修改外设的内部寄存器内容、存储器件的内存数据区,省却了调用处理器仪器或底层调试器。对于无处理器的系统调试尤为重要。

(3) 为 FPGA 仪器编写脚本

新增了一种在 FPGA 内利用脚本编程实现可定制虚拟仪器的功能。该功能将为用户提供一种更直观、界面更友好的脚本应用模式。

(4) 虚拟存储仪器

用户可以看到一种全新的虚拟存储仪器(MEMORY_INSTRUMENT)。就在虚拟仪器内部,可提供一个可配置存储单元区。利用这个功能可以实现从其他逻辑器件、相连的 PC 和虚拟仪器面板中观察和修改存储区数据。

4) 系统级设计

(1) 按需模式的 License 管理系统(On-Demand)

增加了基于 WEB 协议和按需 License 的模式。利用客户账号访问 Altium 客户服务器,无需变更 License 文件或重新激活 License,基于 WEB 协议的按需 License 管理器就可以允许一个 License 被用于任意一台计算机。这就好比一个全球化浮动 License,而无需建立用户自己的 License 服务器。

（2）增强了供应商数据

新增了两个元器件供应商信息的实时数据连接，这两个供应商分别为 Newark 和 Farnell。通过供应商数据查找面板内的供应商条目，用户现在可以向目标元件库（SchLib，DbLib，SVNDbLib）或原理图内的元器件中导入元器件的参数、数据手册链接信息、元器件价格和库存信息等。另外，用户还可以在目标库内从供应商条目中直接创建一个新的元器件。

2.1.2　小结

本节对 Altium Designer Summer 09 的发展、特点做了简单的介绍，有关软件的相关操作将在第 4 章中展示，希望读者可以对该软件有个初步的认识，并且通过后续的学习和设计能够掌握软件的使用。

2.2　Altium Designer 操作流程

2.2.1　Protel 电路板设计的基本步骤

Protel 电路板设计过程，指的是由设计者的设计要求开始，将其电路设计思路最终落实到 PCB 电路板制作的过程，其基本设计流程如图 2.1 所示。

1）项目需求分析

项目需求分析是整个电路设计的重要环节，它通过分析项目实现的方法，最终决定电路原理图的设计，同时在 PCB 电路板设计时提出了规划的要求。

2）电路仿真测试

电子电路的复杂性和元件的不确定性，导致了电路设计时难免出现缺陷和错误，通过电路仿真，即将电路的搭建和测试放到仿真平台完成，可以确定和完善电子电路设计，从而大大地减少了不必要的失误，提高了电路设计的工作效率。

3）原理图元件库设计

尽管软件中提供了丰富的原理图元器件库，但是随着元器件的不断更新，已有的元件库不可能包含所有的元器件。因此当遇到原理图符号在元件库里查找不到的情况时，需要设计者自行设计原理图元器件，必要时可建立自己的原理图元件库，如图 2.2 所示。

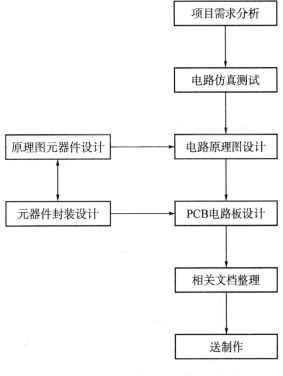

图 2.1　电路板设计流程

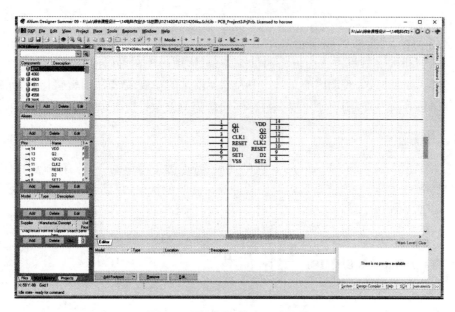

图 2.2　原理图元件库设计界面

4）电路原理图设计

电路原理图设计是将设计者设计的原理图绘制出来，在元件库中查找所需元件，通过导线连接，完成原理图的绘制（图 2.3），再经过 ERC（电气规则检查）工具检查错误，不断完善原理图。此外，根据电路设计的复杂程度决定是否需要使用层次原理图。

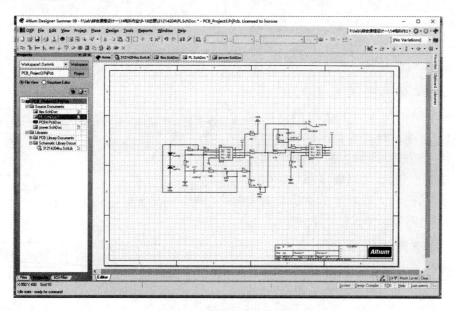

图 2.3　原理图设计界面

5）元器件封装设计

电路原理图和 PCB 电路板是通过网络标号和元器件封装来建立联系的，并且原理图元件中的引脚序号必须和元器件封装的焊盘序号——对应，同时它们具有相同的网络号。与原理图元器件库一样,软件提供的元器件封装库不可能包含所有元器件封装,因此需要设计者在找不到合适的元器件封装时,自行设计并建立自己的元器件封装库。如图2.4所示。

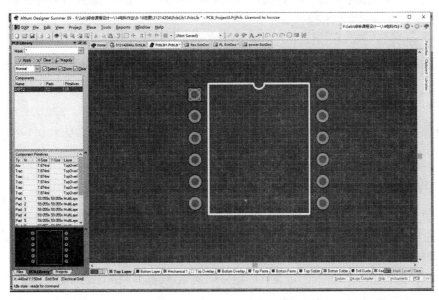

图 2.4　元件封装库设计界面

6）PCB 电路板设计

原理图检查无误之后,即可进行 PCB 电路板的设计。首先需要确定 PCB 板的大小、形状、工艺要求(如绘制几层板等),然后通过网络标号和元件封装的一一对应关系,将原理图加载生成 PCB 电路板,接着根据设计规则、原理图、需求分析等进行布局和布线,最后通过DRC(设计规则检查)工具检查错误。PCB 电路板的设计最终决定了项目成品的实际使用性能,需要多方面的考量,因此不同的电路设计具有不同的要求。如图2.5所示。

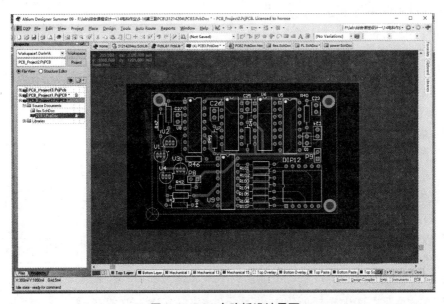

图 2.5　PCB 电路板设计界面

7）相关文档整理

将原理图、PCB 电路图、原理图元器件库、PCB 元器件封装库和材料清单等文件统一归档保存，以便于以后的维护和修改。

8）送制作

电路板整个流程设计完成后，可将设计文件导出进行印制电路板的制作，即将 PCB 文件送交制板商制作满足设计要求的电路板（也可自行制作，具体制作流程可自行查阅相关资料）。

通常来说，电路板制作完成后还需要设计者进行电路焊接、电路功能调试，不断改进电子电路的设计。

2.2.2　原理图设计

Altium Designer Summer 09 软件中提供了各种原理图绘图工具、丰富的元器件库，设计者可以凭借这些完成电路原理图的设计。原理图的设计是电路板设计最基础的步骤，原理图设计的正确与否，直接影响到制板、仿真等后续工作，即直接关系到整个设计的成败与否。同时，为方便自己和他人理解原理图设计，设计时电路的清晰、规范以及备注也十分重要。

1）原理图设计的基本步骤

原理图的设计首先需要对电路图整体有规划，根据要求设置图纸的各类参数，然后在图纸上放置元器件，并对元器件进行布局、连线，接着需要检查电路的正确与否，并适当添加备注或注释，最后将设计完成的电路原理图打印输出。电路原理图设计的基本流程如图 2.6 所示。

（1）新建原理图文件

设计者在进行原理图设计时首先需要新建 PCB 项目文件（. PrjPCB），接着新建一个原理图文件（. SchDoc），并添加到项目文件中。注意，同一项目中文件最好保存在同一文件夹中。

（2）原理图环境设置

① 图纸参数设置

设计者在原理图设计时，考虑到电路设计的复杂程度及项目需求，需要对图纸规范进行设置。主要考虑的有图纸尺寸、图纸方向、图纸边框、图纸颜色、模板图形、图纸网格设置、图纸参数信息等。通常情况下，如果电路较为简单且没有特殊需求，设计者可使用图纸默认参数。

② 工作环境设置

设计者们可以通过原理图的"Preferences"（优选参数设置）对原理图编辑器的工作环境进行设置。

（3）装载元件库

将原理图元件库，其中包含软件提供的和设计者自行绘制设计的，加载到原理图编辑器中，然后可在加载的元件库中查找所需要的元器件。

（4）放置元件

在载入的原理图库中选择所需要的元器件，并将其逐一放置在原

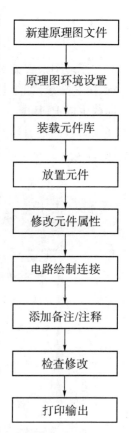

图 2.6　电路原理图设计流程

理图编辑器的图纸区域,然后根据原理图的设计,调整元器件的位置,进行合理布局,为下一步连接导线做好准备。

（5）修改元件属性

根据原理图的设计,针对每一个元器件进行属性设置,其中包含元件序号、元件名称、元件标称值等。

（6）电路绘制连接

根据原理图的设计,用具有电气属性的导线将修改完成的元器件进行连接。电路的连接是原理图绘制的核心,软件并不提供电路原理性的错误检查,因此需要设计者仔细连接电路,确定原理图连接的正确性。

（7）添加备注/注释

设计者可对原理图添加一些相应的说明、标注等,主要目的在于使其增强可读性。

（8）检查修改

初次绘制的电路原理图可能由于设计者的不仔细而存在些许错误,因此需要设计者对电路原理图进行检查,并进一步修改、调整,以确保其正确性,为后续的 PCB 电路设计奠定基础。

（9）打印输出

原理图设计不仅需要保存相关文档,往往还需要将其原理图、网络表打印输出,以便设计者进行校对、参考和归档。

2）原理图库和元件设计

市面上的元器件种类繁多,任何一款软件都不可能包含所有元器件。另一方面,在实际项目中设计者往往需要用到一些非标准器件,这些都会导致设计者在电路原理图设计时遇到在 Altium Designer Summer 09 软件的原理图库中查找不到所需原理图符号的状况。因此就需要设计者创建自己的原理图元件库并且设计自己的元器件符号。

此外,各个生产厂商会根据自己生产的元器件提供相应的元件库,同时网络共享资源也会提供很多软件中没有的原理图元件库,设计者可以下载并调用这些库,也可以在已有库的基础上进行修改,不断完善自己的原理图元件库。

（1）原理图元件库的设计

设计者在绘制原理图中元器件新的符号时,需要为其创建独立的原理图元件库,并且将元件分类存储,以便之后的使用。初学者常常认为一个新的元件符号对应一个新的元件库,这种做法会随着元件的不断增加,元件库也不断增加,不便于元件的查找和使用。因此,对于设计者而言,一般都是一个元件库包含多个元件。当打开/新建一个原理图元件库文件(.SchLib),可以进入原理图元件库文件编辑器。

（2）原理图库中元件的设计

原理图元件库中包含多个元件,元件设计的步骤如下:

① 创建新的原理图元件,并修改其元件名称;

② 通过符号绘制工具画出元件的样式;

③ 添加元件引脚,并修改其属性;

④ 设置元件属性。

2.2.3 PCB 电路板设计

PCB 电路板设计是电路板设计的重要组成部分,原理图设计是要求电路原理设计准确,而 PCB 电路板设计是电路板制作生成的关键。由于需求不同,PCB 电路板设计往往需要设计校验规则,例如实际产品的尺寸高度、功耗大的芯片的散热、高频电路中防干扰等要求,因此 PCB 电路板设计的要求更高,需要设计者不断积累经验,将理论结合实际应用到设计中。

Altium Designer Summer 09 软件中提供的 PCB 设计功能十分强大,提供了一条设计印制电路板的快捷途径,PCB 编辑器通过其交互性编辑环境将手动设计和自动设计完美融合。PCB 的底层数据结构最大限度地考虑了设计者对速度的要求,通过对功能强大的设计法则的设置,设计者可以有效地控制印制电路板的设计过程。对于初学者来说,PCB 电路板设计的基本流程需要较好地掌握。

1) PCB 电路板设计的基本步骤

PCB 电路板设计时首先在原理图设计中确定所有元件的封装型号,保证电路原理图中的元件(包括其引脚)和 PCB 电路板中的元件(包括其引脚)可以相对应;其次根据需求规划实际电路板的大小及设置各环境参数;接着载入准备好的网络表和元件封装,并对元件进行布局、布线;最后进行设计规则的校验,即 DRC 校验,校验无误后即可送加工制作。具体设计的基本步骤如图 2.7 所示。

(1) 完善电路原理图

在电路原理图设计时已经对元件的标识、标称值等属性进行了设置,但如果需要进行 PCB 电路板设计,还需要在属性设置时增加元件封装的设置,以完善电路、进行下一步操作。值得注意的是,原理图中每一个元件都必须设置其对应的封装型号,并且其引脚标识必须和封装里的引脚标识完全一致。

(2) 新建 PCB 工程和 PCB 文件

设计者在进行 PCB 电路板设计时首先需要新建 PCB 文件(.PCBDoc),并将其加载到之前包含电路原理图的工程项目中,同时,尽量将其保存到工程项目相同的文件夹中。

(3) 规划电路板

打开 PCB 文件后,设计者首先需要考虑电路板的规划,其中包括电路板层数、尺寸大小、形状、元器件安装的特殊性等。

(4) 设置环境参数

规划好电路板之后,设计者需要对 PCB 中的各种环境参数进行设置,包括电路板边框大小形状、电路板结构、板层属性、页面属性等。需要注意的是,电路板边框设置完后建议重新设置原点,以方便设计者查找 PCB 图。

(5) 载入网络表和元件封装

确保所有的元件设置的封装在 PCB 元件库中都能够一一对应之后,将网络表和封装载入到 PCB 文件中。

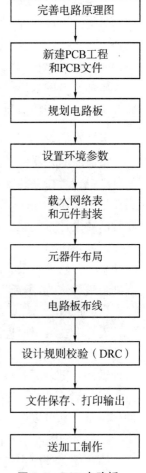

完善电路原理图

↓

新建PCB工程和PCB文件

↓

规划电路板

↓

设置环境参数

↓

载入网络表和元件封装

↓

元器件布局

↓

电路板布线

↓

设计规则校验(DRC)

↓

文件保存、打印输出

↓

送加工制作

图 2.7 PCB 电路板设计的基本步骤

（6）元器件布局

载入成功的元器件在 PCB 中通常和设计者规划的位置不相同,因此需要设计者在布线之前首先对所有元件进行布局。元件的布局有自动布局和手动布局两种方式,其中自动布局需要提前设定自动布局规则,之后使用自动布局功能,元器件将按照规则自动移动到各自位置;手动布局则是手工调整元件的位置,使其符合 PCB 电路板的功能需要、元器件的安装和散热等规则。自动布局往往不能满足所有的设计要求,还需要大量的手动布局进行调整。因此,一般对于简单的电路,手动布局作为元件布局的首选,它基本能够满足要求,且操作方便。

（7）电路板布线

元器件布局完成后需要设计者进行布线。需要注意的是,通常成功载入的元件和元件之间有白色的预拉线,用以表示需要电气连接的节点之间应该进行导线连接,但并不表示已经连接上,需要设计者进行布线,当布线完成后,预拉线会自动消失。电路板布线同样有自动布线和手动布线两种方式,其中自动布线也需要提前设定布线规则。自动布线尽管操作简单,但其布线规则要求设计者熟练掌握,同时对于复杂的电路或者布局时有死区的电路,自动布线不能 100% 成功,经常会出现布线到 99% 不能继续的情况,因此,建议广大设计者尽量采用手动布线,或者在自动布线的基础上进行手动修改。

（8）设计规则校验（DRC）

电路板布线完成后,需要对其进行 DRC 校验,以确保电路板符合设计者所设置的布线规则,且所有网络已正确连接,否则,需要根据错误提示进行修改。需要注意的是,此步骤需要设计者对于 PCB 设计规则有一定的掌握。

（9）文件保存、打印输出

完成上述工作后需要保存、打印各种报表文件和 PCB 制作文件。

（10）送加工制作

将 PCB 制作文件送至加工厂进行制作,有条件的可以自行制作。

2）PCB 元件库和元件封装设计

封装是指安装元器件（如半导体集成电路芯片等）的外壳,它是元器件外在表现形式,是元器件内部与外界连接的桥梁。市面上的元器件种类繁多,同一种元器件对应的封装形式也是多种多样的。

元器件的封装在 PCB 电路板中通常包括一组焊盘、丝印层绘制的边框和芯片的相关说明等。其中焊盘是封装中最重要的,每个元器件的每个焊盘都有其唯一的标识,用于连接芯片的引脚,和原理图中元件引脚相联系,最终实现电路功能。焊盘的形状、大小和排列是确保封装是否正确的关键基础,有的时候边框大小可以有误差,但是焊盘相关参数必须准确,否则,在实际安装焊接元器件时,无法正确操作。丝印层绘制的边框和芯片的相关说明通常用于表示元器件的大小、形状和标识,方便元器件的安装和焊接。

Altium Designer Summer 09 不仅提供了大量丰富的元件封装库,也提供了强大的封装绘制功能,能够设计绘制出各种符合要求的新封装。

（1）PCB 元件库设计

设计者需要设计 PCB 元件封装时,需要为其创建独立的 PCB 元件库,并且将它们分类存储,以便之后的使用。和原理图元件库类似,都是一个 PCB 元件库包含多个元件封装。当打开/新建一个 PCB 元件库文件（.PCBLib）,可以进入 PCB 元件库编辑器,如图 2.8 所示。

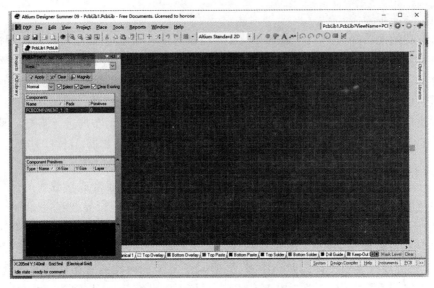

图 2.8　PCB 元件库编辑器界面

（2）PCB 元件封装设计

PCB 元件封装的设计比原理图元件库元件设计略微复杂些，因为封装要求尺寸、位置等参数准确，其设计方法通常有两种。

① 方法一：手工创建元件封装

a. 创建新的空元件封装，并修改其元件名称；

b. 在 Top Layer（顶层）放置焊盘在正确的位置（根据实际元件的尺寸），并修改其属性；

c. 在 Top Overlay（顶层丝印层）绘制元件的外形轮廓（根据实际元件的尺寸），并添加元件相关的文字说明；

d. 设置元件参考点。

② 方法二：用 PCB 元件向导创建元件封装

使用 PCB 元件向导来创建规则的 PCB 元件封装，是需要设计者在系统一系列设置中输入正确的参数即可自动生成。其中设置参数包括封装模式、焊盘数目、尺寸及间距设定、元件轮廓设置、焊盘命名方向、封装命名等。

2.2.4　小结

本节介绍了 Protel 电路板设计的基本步骤，其中针对电路板设计中的原理图设计和 PCB 电路设计进行简单的介绍，这两个部分是 Protel 电路板设计中的重要组成部分，其他操作步骤读者可以查阅相关资料了解掌握。另外，有关 Altium Designer Summer 09 软件简介以及进行电路板设计的具体操作细节，详见第 4 章。

2.3　综合案例

通过前面对 Altium Designer Summer 09 软件的介绍和学习，我们已经知道了如何通过设计原理图电路来设计生成相应的 PCB 板图。PCB 板可以是具有一定功能的电路模块，也可以通过电路设计实现芯片制造,在制造芯片时就不仅仅是把 PCB 板图制作出来,还需要对其进行功能测试、系统测试,最后下载到 FPGA 上正常工作,最终投入市场使用。

本节主要是通过五个实训模块对电路的设计、搭建以及功能进行详细的解说,希望通过这些实训,让大家进一步掌握 Altium Designer Summer 09 软件的使用和整个设计制造的过程。

2.3.1 音频放大电路的设计

各种便携式的电子设备成为一种重要的发展趋势。这些便携式的电子设备的一个共同点就是都有音频输出,也就是都需要有一个音频放大器;另一个特点就是它们都是由电池供电的。设备对于功率的要求很高,同时效率也非常重要。音频放大电路主要有四种:A 类放大器、B 类放大器、AB 类放大器、D 类放大器。音频放大电路的结构如下:

(1) 输入电路:用共集放大器组成,接收输入信号。

(2) 频率均衡器:用 RC 阻容衰减电路组成,可调节均衡各种频率信号。

(3) 电压放大级:用共射放大器组成,起电压放大作用。

(4) 功率输出级:用甲乙类互补功放组成,其电流放大输出。

1) 电路设计

本设计是利用三极管的放大功能进行音频放大的作用。其中由晶体三极管 Q_1 组成推动级,Q_2、Q_3 是一对参数对称的 NPN 和 PNP 型晶体三极管,它们组成互补推挽 OTL 功放电路。由于每一个管子都接成射极输出器形式,因此具有输出电阻低、负载能力强等优点,适合于作功率输出级。Q_1 管工作于甲类状态,它的集电极电流 I_{c1} 流经二极管,给 Q_2、Q_3 提供偏压。调节 R_{w_2},可以使 Q_2、Q_3 得到适合的静态电流而工作于甲、乙类状态,以克服交越失真。电路如图 2.9 所示。

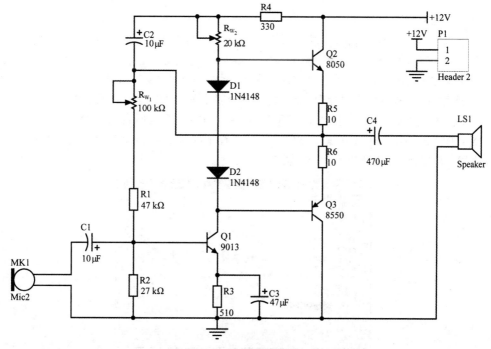

图 2.9 音频放大电路

2）电路原理图绘制

（1）新建项目工程文件

首先，执行"文件"→"新建"→"Project"→"PCB Project"命令，系统生成一个工程文件，并以"PCB_Project1.PrjPCB"命名。向其中添加原理图文件和 PCB 文件。将新工程项目保存，命名为"音频放大电路"，并如图 2.10 所示。需要注意的是添加在工程中的原理图和 PCB 文件同样也要保存。

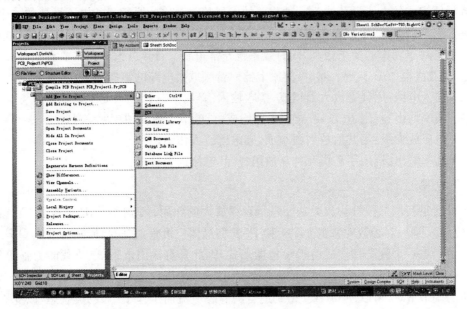

图 2.10　新建 PCB 文件

（2）设置原理图设计环境

设置图纸，将图纸设置成 A4 规格，图纸方向为横向，标题栏格式用标准格式，其他参数为默认设置。

点击菜单栏中的"设计"→"文档选项"命令，系统将弹出"文档选项"对话框（图 2.11），对话框中利用"方块电路选项""参数"和"单位"三个选项组，可以按照要求设置。

在"方块电路选项"标签下，"选项"里的第一个"定位"下拉列表框设置为"Landscape"设置图纸方向为横向。"标题块"前面的勾打上，并在下拉列表框设置为"Standard"标准格式，最后在"标准类型"里选择类型为 A4 规格，完成设置。

图 2.11　文档选项对话框

（3）放置元件

加载元件库,在"库…"面板对话框中单击"库…"按钮(图2.12),弹出"可用库"对话框(图2.13),对话框中有3个标签页,在"已安装"标签页下,选中需要添加的元件库,点击"安装"按钮,并可以通过"向上移动"或是"向下移动"改变库的顺序。添加好后,关闭对话框。

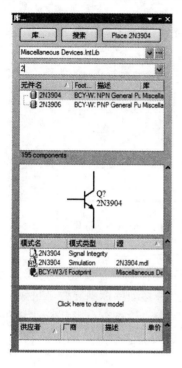

图2.12　"库"标签页　　　　　　　图2.13　"可用库"对话框

将音频放大电路中的元件放置到工作区,同时按照电路图将所有元件摆放整齐。点击元件,当出现十字光标时,同时按下"Space"键,可以实现元件90°的旋转。如图2.14所示。

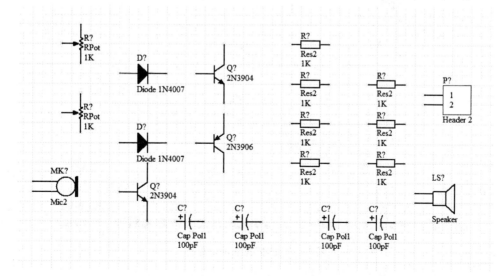

图2.14　放置所有元件

放置"电源端口"(图 2.15)和"接地"(图 2.16)符号,并更改元件属性,当元件处于悬浮状态时,按 Tab 键,或者在元件放置好后在元件上双击鼠标左键,都可以打开元件属性对话框。在"标识符"栏设置元件编号,在"注释"栏设置元件型号或者标称值。"Models"区中可以通过"Footprint"栏设置元件封装形式。

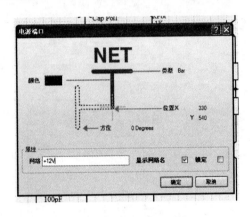

图 2.15　电源端口对话框　　　　图 2.16　GND 符号

(4) 电路的电气连接

执行"放置"→"导线"菜单命令,鼠标变成十字形,将光标移动到需要连接的元件管脚上,光标所带的叉变成红色后,单击鼠标左键,确定导线起点。移动鼠标画导线,鼠标移动到终点,点击鼠标左键结束该条导线。依次将所有导线绘制完成。检查节点,在两条相交的导线处判断电气上是否连接,如果连接有节点,如果没有连接,可将自动放置的节点删除。如图 2.17 所示。

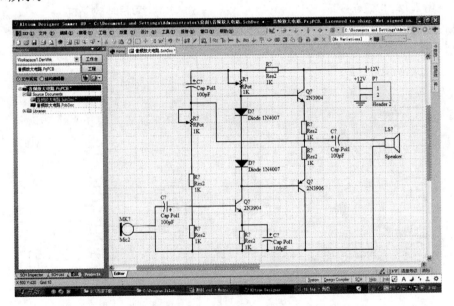

图 2.17　连接完成的电路图

通过双击元件,对其属性进行编辑,将元件标号,如图 2.18 所示。

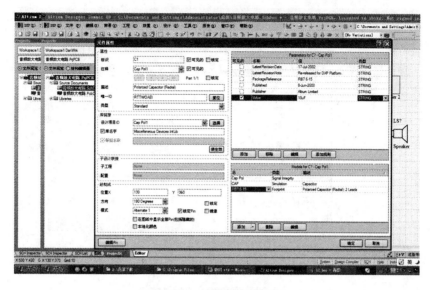

图 2.18　元件属性对话框

（5）电气检查

根据设置的电气检查规则和电路连接检测矩阵，在此可以选择默认设置来进行检查。执行"工程"→"工程参数"菜单命令，弹出"Options for PCB Project 音频放大电路. PrjPCB"对话框（图 2.19），在"Error Reporting"下设置相应参数。然后执行"工程"→"Compile PCB Project 音频放大电路. PrjPCB"菜单命令，对工程进行编译。通过执行"察看"→"工作面板"→"System"→"Messages"菜单命令，如果有错误，查看错误报告，根据错误信息提示将原理图进行修改，然后重新编译，直到全部正确。如图 2.20 所示。

图 2.19　"Options for PCB Project 音频放大电路. PrjPCB"对话框

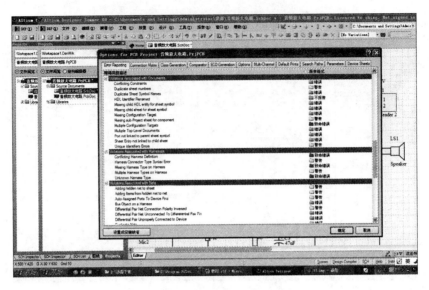

图 2.20　查询结果的标签位置

· (6) 生成网络表

执行"设计"→"文件的网络表"→"PCAD"菜单命令,系统自动生成了当前原理图文件的网络表文件"音频放大电路. NET",并保存在当前工程下的"Generated\Netlist Files"文件夹中。

(7) 生成元器件报表及输出

在原理图窗口下,执行"报告"→"Bill of Materials"菜单命令,系统弹出相应的元件报表对话框。对话框的右下角选择"BOM Default Template. XLT"模板。执行"菜单"下的"报告"菜单命令,弹出元件报表预览对话框,如图 2.21 所示,单击"输出"按钮可以将报表保存,输出为一个 Excel 文件。单击"打开报告"按钮可以打开表格文件,单击"打印"按钮可以将报告打印输出。单击"关闭"按钮可以退出对话框。

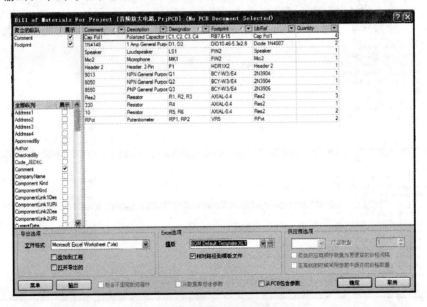

图 2.21　元件报表对话框

3）PCB 的设计

完成整体电路绘制后，打开之前新建的 PCB 文件。

（1）设置工作环境参数

执行"设计"→"板参数选项…"菜单命令，窗口弹出"板选项…"对话框 PCB 设计中多采用"mil"单位，1 mil＝0.002 54 cm，图中可以根据实际要求设置度量单位，英制（Imperial）或者公制（Metric）。网格的捕获一般在绘制封装时会设置得较小，绘制 PCB 时，可以采用默认设置。另外还要对板层进行设置。执行"设计"→"层叠管理…"命令，打开"层堆栈管理器"属性对话框（图 2.23），该对话框可以设置板层的数量，默认情况下为双面板。板层的颜色可以通过命令"设计"→"板层颜色…"，弹出"视图配置"对话框，在"板层和颜色"标签页中进行修改。

图 2.22　板选项对话框

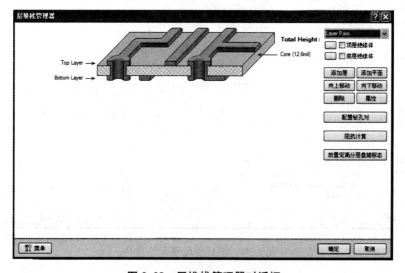

图 2.23　层堆栈管理器对话框

（2）规划电路板

本设计要求电路板为 60 mm×60 mm 的方形电路板，所以要先规划出印制电路板的机械轮廓和电气轮廓。先将"板参数选项…"菜单中的度量单位改成公制。设置 PCB 形状和物理边界，在"Mechanical1"层中绘制一个闭合的正方形，大小为 60 mm×60 mm，通过执行"放置"→"走线"命令，最后在禁止布线层（Keep-Out Layer）同样进行此操作，完成电气边界的规划。

（3）加载网络表

此时还需要对每个元器件的封装及每个引脚的位置做一遍检查，例如电路图中的滑动变阻器元件（图 2.24），通过显示电位器元件的引脚编号发现，其可调端为 3 号脚，而实物中根据其 PCB 中元件封装的预览图中发现，其可调端为 2 号脚，所以发现封装元件焊盘的编号和原理图元件引脚的编号没有一一对应，需要在原理图中修改正确。点击电位器属性对话框左下角"编辑引脚"按钮，弹出元件引脚编辑器，将引脚修改。修改后如图 2.25 所示。元件属性及引脚修改如图 2.26、图 2.27 所示。

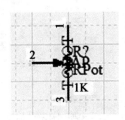

图 2.24　电阻元件

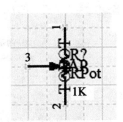

图 2.25　修改后的电阻元件

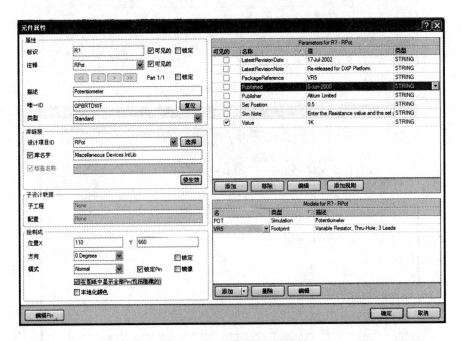

图 2.26　滑动变阻器元件属性

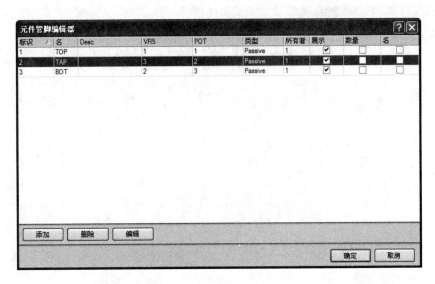

图 2.27 修改元件引脚对话框

在原理图文件下,执行"设计"→"Update PCB Document 音频放大电路.PCBDoc"菜单命令,系统将对原理图和 PCB 图的网络表进行比较,并弹出"工程更改顺序"对话框(图 2.28),单击"生效更改"按钮,系统将扫描所有的改变,看能否在 PCB 上执行所有改变,待检测全部通过后,单击"执行更改"按钮,即完成更改(图 2.29),并在 PCB 编辑环境下,自动生成 PCB 图。

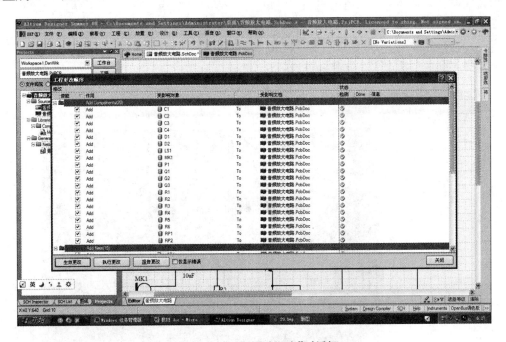

图 2.28 "工程更改顺序"对话框

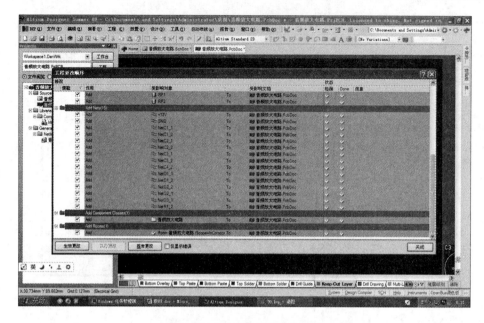

图 2.29　"执行更改"正确界面

（4）元件布局

元件布局分为手动布局和自动布局，经过尝试执行"工具"→"放置元件"→"自动布局"命令，进行自动布局后结果并不是很理想，而且很多地方不合理。因此还是采用手动布局。尽量将元器件放置在 Room 区域，使 Room 区域覆盖所有的元件即可，并将 Room 区域放置在电气边界之内。选中 Room 后，按"Delete"键，删除 Room。手动调整元件位置，并通过排列工具，将所有元件摆放整齐。需要注意的是，元件布局并非越密越好，元件与元件之间至少应留出 100 mil 的空隙。如图 2.30 所示。

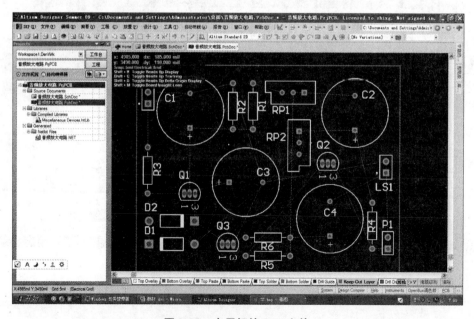

图 2.30　布局好的 PCB 文件

（5）PCB布线

布线操作,可以选择手动布线或者自动布线。自动布线方法:执行菜单命令"自动布线"→"全部...",系统弹出"Situs布线策略"对话框(图2.31),点击"编辑规则"按钮,进入PCB规则和约束编辑器进行设置。设置好后,点击"Route All"按钮,系统开始自动布线。完成自动布线后,系统会弹出Message窗口,显示自动布线信息。如果自动布线不理想,线条需要手动布线来调整。布线时应注意尽量缩短走线的长度同时减少弯曲的次数。

（6）PCB设计规则检查

完成布线后,执行"工具"→"设计规则检查..."命令,弹出"设计规则检测"对话框,如图2.32所示。

图2.31　布线策略对话框

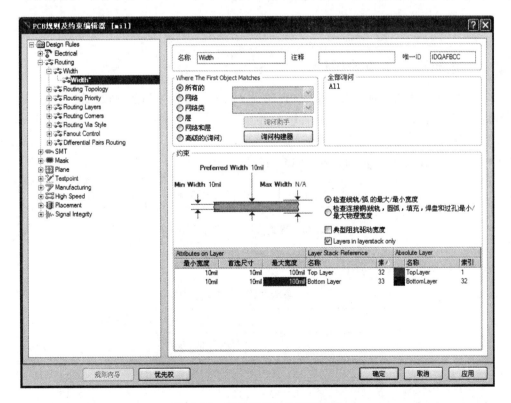

图2.32　PCB规则及约束编辑器

单击"运行 DRC"按钮,Messages 窗口显示无错误(图 2.33)。至此音频放大电路 PCB 电路设计完成。

图 2.33　运行 DRC 后的报告

2.3.2　直流稳压电源的设计

随着电子技术的飞速发展,高性能的电子电路对于电源供电质量的要求也越来越高,由于电子电路供电的电源基本是由直流电源供电的,并且电压一般来讲主要有 +15 V、−15 V、+5 V、+3.3 V 等几种,所以需要先将市电的交流电压经过变压器变压、整流环节、滤波环节以及集成稳压元件的相互作用下,实现固定电压的输出。直流稳压电源系统模块框图如图 2.34 所示。

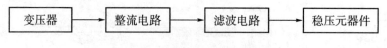

图 2.34　直流稳压电源系统框图

在本设计中要求的参数指标如表 2.1 所示。

表 2.1　直流稳压电源技术参数

输出电压	+15 V、−15 V、+5 V、+3.3 V,固定、可调均可
输出电流	最大 600 mA
其他要求	根据具体电路参数确定

1) 电路设计

(1) 变压器模块

根据框架图中所述,首先变压器模块是一种利用电磁互感效应,变换电压、电流和阻抗的器件。

对不同类型的变压器都有相应的技术要求,可用相应的技术参数表示。如电源变压器的主要技术参数有:额定功率、额定电压和电压比、额定频率、工作温度等级、温升、电压调整率、绝缘性能和防潮性能。对于一般低频变压器的主要技术参数是:电压比、频率特性、非线性失真、磁屏蔽和静电屏蔽、效率等。

变压器原理及电压比:

变压器两组线圈圈数分别为 N_1 和 N_2,N_1 为初级,N_2 为次级。在初级线圈上加一交流电压,在次级线圈两端就会产生感应电动势。当 $N_2 > N_1$ 时,其感应电动势要比初级所加的电压还要高,这种变压器称为升压变压器;当 $N_2 < N_1$ 时,其感应电动势要比初级所加的电压低,这种变压器称为降压变压器。

$$n = N_1 / N_2$$

式中:n 称为电压比(圈数比)。当 $n > 1$ 时,则 $N_1 > N_2$,$U_1 > U_2$,该变压器为降压变压器;反之则为升压变压器。

(2)整流模块

在电力电子方面,将交流电变换为直流电称为 AC/DC 变换,这种变换的功率流向是由电源传向负载,称之为整流。整流电路主要分成半波整流、全波整流、桥式整流等。本设计中采用桥式整流电路。电路中二极管正向输出为直流电的正电源端,二极管反向输出端为直流电的负电源端。

(3)滤波环节

滤波是将信号中特定波段频率滤除的操作,是抑制和防止干扰的一项重要措施,是根据观察某一随机过程的结果,对另一与之有关的随机过程进行估计的概率理论与方法。滤波电容是并联在整流电源电路输出端,用以降低交流脉动波纹系数、平滑直流输出的一种储能器件。在使用将交流转换为直流供电的电子电路中,滤波电容不仅使电源直流输出平稳,降低了交变脉动波纹对电子电路的影响,同时还可吸收电子电路工作过程中产生的电流波动和经由交流电源串入的干扰,使得电子电路的工作性能更加稳定。

(4)稳压元器件

采用三端线性稳压系列芯片 LM78,后两位数字 05、06、08、09、12、15、18、24 分别表示输出电压为 5 V、6 V、8 V、9 V、12 V、15 V、18 V、24 V。其 1 脚为输入,2 脚为接地,3 脚为输出。通常情况下输入大于输出。

2)电路图绘制及电路板布线图

(1)新建项目工程文件

首先,执行"文件"→"新建"→"Project"命令,将新工程项目命名为"直流稳压电源电路",并向其中添加原理图文件和 PCB 文件。然后执行"文件"→"新建"→"库"→"原理图库"命令,在"直流稳压电源电路"项目中添加 1 个原理图库文件。最后,执行"文件"→"新建"→"库"→"PCB 元件库"命令,在"直流稳压电源电路"项目中添加 1 个 PCB 库文件,将所有文件重命名。

(2)绘制元件库

建立 7805 元件库,参考 7805 的数据手册,绘制原理图元件。通过"察看"→"工作区面板"→"SCH"→"SCH Library"菜单,显示"SCH Library"对话框,如图 2.35 所示。

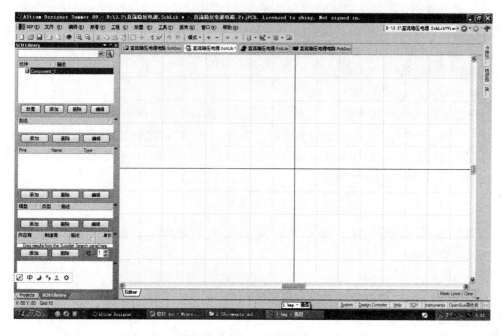

图 2.35 "SCH Library"菜单

① 绘制矩形。在原理图元件库工作界面中,选择"放置"→"矩形"菜单命令,如图 2.36 所示,根据状态栏显示的坐标将矩形大小控制在 40 mil×60 mil 的大小。

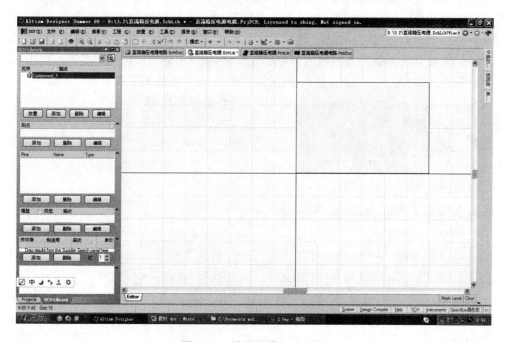

图 2.36 绘制元件矩形形状

② 放置引脚。选择"放置"→"引脚"菜单命令,此时鼠标上粘着一个引脚符号,按下"Tab"键,在弹出的引脚对话框中,修改相应参数,如图所示。依次放置 3 个引脚,并将引脚名及引脚标号标注清楚。需要注意的是,在放置引脚时,需要把十字光标放外侧,因为光标处为电气节点。如图 2.37 所示。

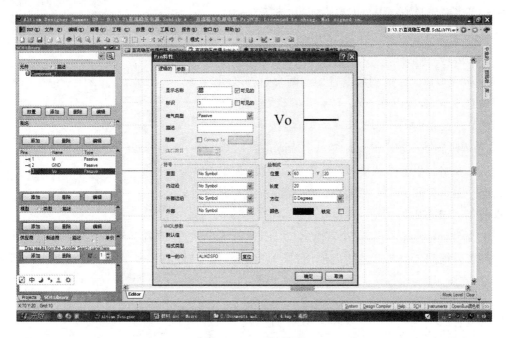

图 2.37　编辑管脚属性

③ 编辑元件属性。选择"SCH Library"面板,选中"元件"列表中的"7805"元件,单击"编辑"按钮,弹出"库元件属性"对话框。修改默认标识符为"U?"注释为"7805",描述为"78**"。完成元件库的制作,并保存。

(3)绘制整体电路图

根据电路设计介绍的电路,画出整体电路图,如图 2.38 所示。首先放置元件,将元件布局,对元件连线,检查原理图,更改部分元件封装。

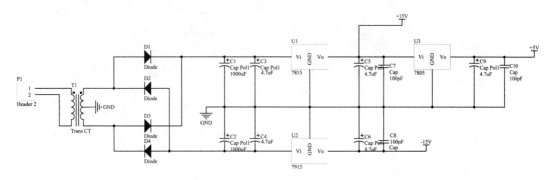

图 2.38　直流稳压电源电路

（4）绘制元件封装库

原理图元件中有多个电解电容,并且其容量是不同的,因此根据其封装的尺寸不同绘制 PCB 元件封装。由于电解电容使用时采用立式的形态,所以只要绘制其投影形状及管脚焊盘即可。通过"察看"→"工作区面板"→"PCB"→"PCB Library"菜单,显示"PCB Library"对话框。

① 放置焊盘。通过测量电容得知两个引脚之间的距离是 50 mil,所以在"Top-Layer"执行"放置"→"焊盘"菜单命令,指针上粘着一个焊盘,按下"Tab"键,编辑焊盘属性:通孔 10 mil,焊盘 30 mil。同时焊盘号从 1 开始。点击确认后,放置第一个焊盘,在距离其水平距离为50 mil处放置第二个焊盘,右击取消焊盘放置。如图 2.39 所示。

图 2.39　焊盘属性对话框

② 绘制元件轮廓。绘制一个直径为 100 mil 的圆形。执行"放置"→"圆弧"菜单命令,确定圆心和半径绘制一个圆形。然后退出"圆弧"命令,执行"放置"→"直线"绘制出阴影部分。如图 2.40 所示。

图 2.40　绘制电容轮廓

③ 编辑元件封装属性。

绘制好后,将元件封装库加入到设计中,并将元件 $D_1 \sim D_4$ 的封装改为"DIODE0.4",元件 $C_3 \sim C_6$ 和 C_9 的封装改为 "RB.05/.1",如图 2.41 所示。完成后,生成网络表等。

图 2.41 PCB 库元件参数设置

（5）生成 PCB

完成整体电路绘制后，除了可以通过网络表的形式下载到 PCB，也可以直接通过电路图来生成 PCB。执行"工程"→"Compile Document 直流稳压电源电路. SchDoc"命令，打开 Messages 窗口，显示原理图编译无错误。

执行"设计"→"Update PCB Document 直流稳压. PCBDoc"命令，弹出"工程更改顺序"对话框，单击"生效更改"按钮，完成状态检测，检测全部通过后，单击"执行更改"按钮，即完成更改，并在 PCB 编辑环境下，自动生成 PCB 图。

将 Room 和所有元件移动到 PCB 板上，并调整 Room 尺寸。

元件布局采用手动布局的方式，尽量将元器件集中到一个区域，并采用"排列工具"命令，使元件对齐或者等间距排列。

再次调整 Room 尺寸，使 Room 区域覆盖所有的元件即可，布局完毕后，执行"放置"→"走线"命令，绘制出矩形框，选择绘制出的矩形框。然后执行"设计"→"板子形状"→"按照选择对象定义"命令。

执行"设计"→"板子形状"→"根据板子外形生成线条"命令，弹出的对话框中，层选择"Keep-Out Layer"，宽度不变，单击"确定"按钮，在 PCB 板外轮廓生成边界线。如图 2.42 所示。

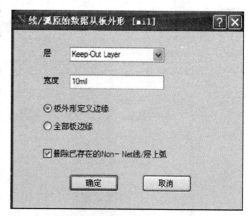

图 2.42 板外形定义边缘

需要注意的是，元件布局并非越密越好，元件与元件之间至少应留出 100 mil 的空隙。

进行布线操作，可以选择手动布线或者自动布线。如果自动布线不理想，线条需要手动布线来调整。布线时应注意尽量缩短走线的长度同时减少弯曲的次数。由于电源模块输入电压电流过大,走线宽度设为 50 mil,进入稳压集成块后走线宽度设为 20 mil,同时改变布线规则,将最大走线宽度设为 50 mil,否则运行 ERC 时会出错。

布线时除了"GND"网络先不布线外,将其他所有的线都布好,如图 2.43 所示。

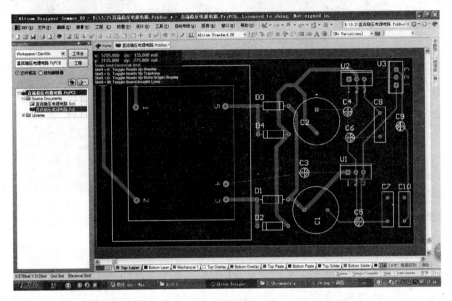

图 2.43　完成除 GND 网络以外的 PCB 布线电路

利用软件中的"覆铜"功能,完成"GND"网络的布线。执行菜单栏中"放置"→"多边形覆铜"命令,系统弹出"多边形覆铜"对话框。对话框如图 2.44 所示,选择"Hatched(Tracks/Arcs)"选项,导线宽度设置为 8 mil,栅格尺寸设置为 20 mil,包围焊盘宽度选择圆弧形式,填充模式选择 45°,层面设置为 Top Layer,链接到到网络"GND",勾选"死铜移除"选项等。单击"确定"按钮,此时指针变成十字形状,用指针沿着 PCB 的边缘画一个闭合的矩形框。则系统自动对顶层覆铜,同时完成"GND"网络的布线,如图 2.45 所示。

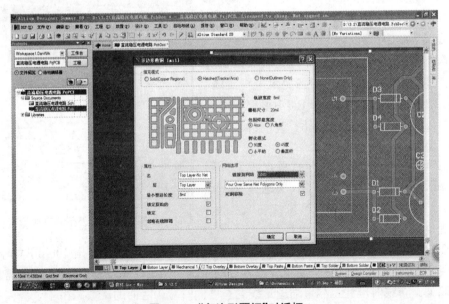

图 2.44　"多边形覆铜"对话框

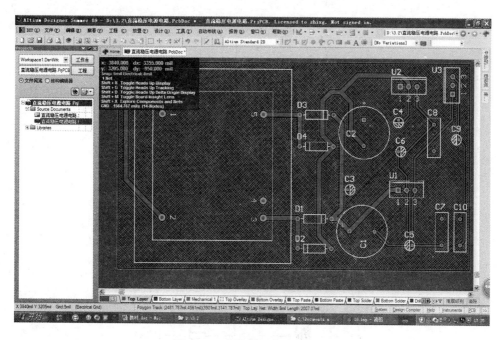

图 2.45 直流稳压电路 PCB 图

完成布线后,执行"工具"→"设计规则检查"命令,弹出"设计规则检查"对话框,单击"运行 DRC"按钮,Messages 窗口显示无错误。至此,直流稳压电源电路的设计基本绘制完成。

2.3.3 数字时钟电路

数字时钟电路的主要功能是具有计时功能以及时间显示的功能。电路的组成主要分为三个部分,即按键调整电路、单片机最小系统以及显示电路,如图 2.46 所示。设计的指标要求当 1 s 产生时,秒数加 1,当 60 s 加满就向分钟位进 1,当 60 min 加满就向时钟位进 1。按键部分主要是对时间的调整及复位。

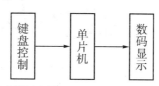

图 2.46 数字时钟电路框图

1)电路设计

(1)键盘电路

键盘电路采用四个轻触式按键,并占用 I/O 口的 P1.0~P1.3,实现调整时、分、秒及复位的功能。键盘控制电路如图 2.47 所示。

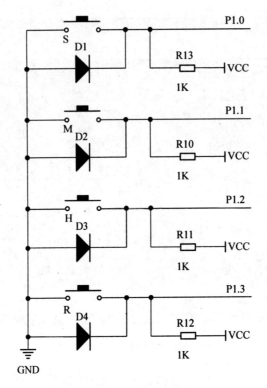

图 2.47 键盘控制电路

（2）数码管显示电路

数码管显示电路主要采用 2 个四位七段共阴极 LED 数码管显示时间,采用 74LS245 增加 I/O 口的驱动能力如图 2.48 所示。74LS245 的位选信号由单片机的 P2 口驱动。而 P0 口通过上拉电阻来保证单片机输出可以驱动数码管。

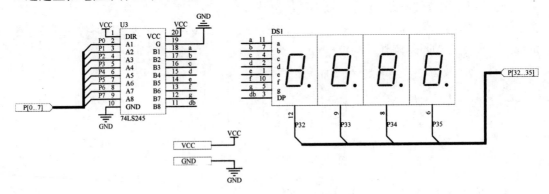

图 2.48 数码管显示电路

（3）单片机电路

单片机电路(图 2.49)主要进行内部程序处理,将采集到的数字量进行译码处理。该部分电路主要包括晶振电路和复位电路。复位电路采用上拉电解电容上电复位电路。本设计采用的是 HMOS 振荡电路。

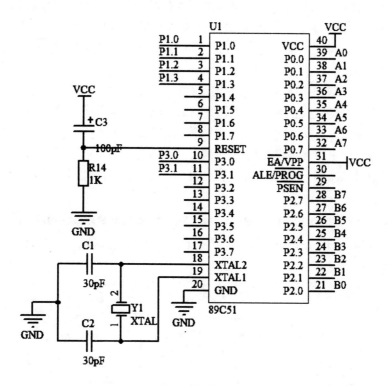

图 2.49 单片机电路

数字时钟电路的整体原理图如图 2.50 所示。

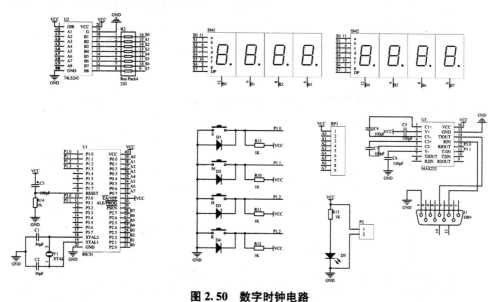

图 2.50 数字时钟电路

2）电路图绘制及电路板布线图

（1）新建项目工程文件

首先，执行"文件"→"新建"→"Project"命令，将新工程项目命名为"数字时钟电路"，并向其中添加原理图文件和 PCB 文件。然后执行"文件"→"新建"→"库"→"原理图库"命令，在"数字时钟电路"项目中添加 1 个原理图库文件。最后，执行"文件"→"新建"→"库"→"PCB"命令，在"数字时钟电路"项目中添加 1 个 PCB 库文件，将所有文件重命名。

（2）绘制元件库

查看 74LS245 的数据手册，绘制原理图元件（图 2.51）。单击符号绘制工具栏的"放置矩形"。根据引脚的数量决定矩形的大小，放置引脚，引脚放置需要注意方向。另外，对于一些引脚还有特殊意义的可以选择不同的形状，引脚号一定要从 1 开始到最后一个引脚，一共 20 个引脚。对于不重要的引脚，在绘制元件的时候可以选择隐藏不显示，但是一定要保证引脚的数量。对引脚参数进行编辑，主要是引脚号和描述。绘制完成后，增加芯片信息，设置元件属性，保存元件。

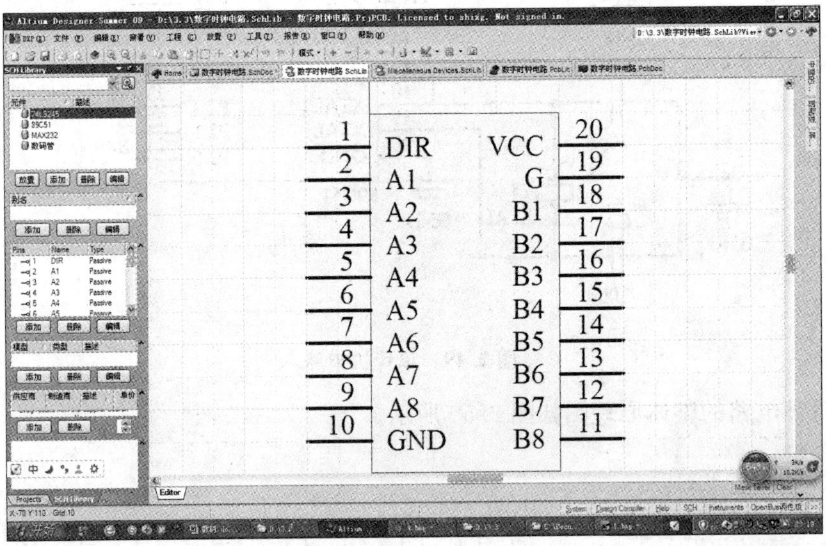

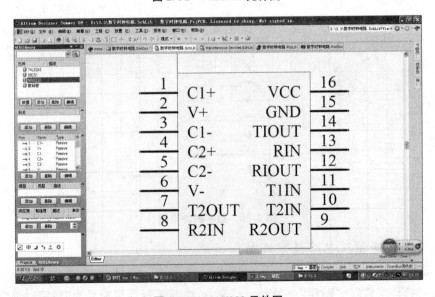

图 2.51　74LS245 元件图

图 2.52　MAX232 元件图

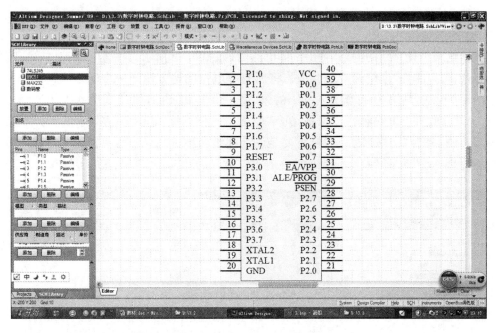

图 2.53　89C51 元件图

绘制 MAX232 和芯片 89C51 方法同上，如图 2.52 和图 2.53 所示。

（3）绘制数码管

在元件编辑界面中选择"放置"→"矩形"命令，确定数码管的外形。单击"绘图"工具栏中的绘制直线命令，绘制数码管中的"日"字发光管。放置引脚，修改引脚参数，设置元件属性。如图 2.54 所示。

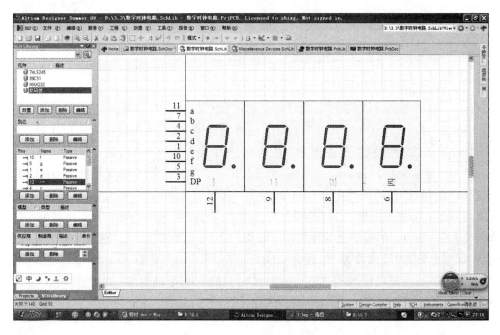

图 2.54　四位数码管元件

芯片 74LS245 的封装类型是 PDIP20。

（4）绘制整体电路图

根据电路设计介绍的电路，画出整体电路图，如图 6.42 所示。在连接线路时，由于线路过于复杂，可以采用"网络标号"的形式，将所有等电位的地方用同一个网络来代替。例如，图中的 U2 模块，其第 2～9 脚是与 U1 的第 32～39 脚相连的，但图纸中并未相连，只是用"A0～A7"来说明。具体操作步骤是：执行"放置"→"网络标号"命令，在"网络标号"状态下，按下 Tab 键，编辑"网络标号"属性，主要是设计网络名称，确定好后，单击鼠标左键放置，需要注意的是，放置时需要将十字光标放在有电气意义的地方。如图 2.55 所示。

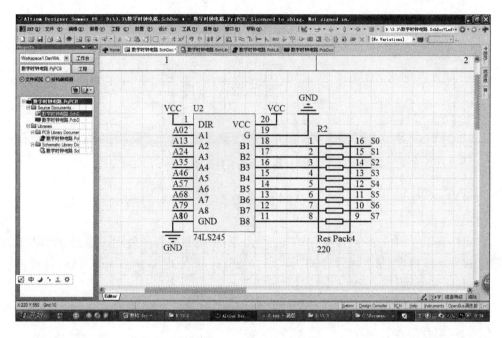

图 2.55　网络标号的使用

（5）绘制元件封装

利用元件封装向导制作单片机的封装。芯片 89C51 为双列直插式封装，简称 DIP。

在"PCB Library"面板的"元件"列表中，选择该封装元件，右击鼠标后弹出快捷菜单，选择"元件向导"，在弹出的"元件向导"对话框中单击"下一步"按钮，选择"Dual In-line Package"封装模式，选择"Imperial"单位，单击"下一步"按钮，设置焊盘尺寸，其中根据芯片的"三视图"得知，焊盘孔径设置为 30 mil，焊盘外径设置为 50 mil，再次点击"下一步"按钮，设置焊盘间距，一般相邻两个引脚的间距均为 100 mil，而列与列之间的距离设置为 600 mil，继续单击"下一步"按钮，设置轮廓宽度，一般均为 10 mil，默认即可。继续单击"下一步"按钮，设置焊盘总数，焊盘总数为 40，设置完成后单击"下一步"按钮，将元件命名为 DIP40，单击"下一步"按钮，完成创建，按下"Finish"。此时完成 89C51 的封装。根据数码管的样式绘制数码管的封装，如图 2.56～图 2.65 所示。

图 2.56 PCB 器件向导对话框

图 2.57 器件类型选择对话框

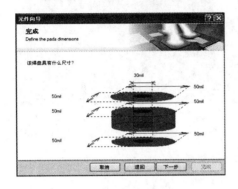

图 2.58 焊盘尺寸设置对话框

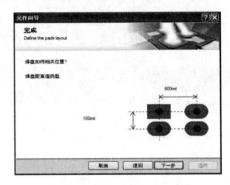

图 2.59 焊盘距离设置对话框

图 2.60 元件轮廓线形宽度设置对话框

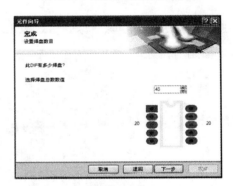

图 2.61 管脚数设置对话框

图 2.62 元件名称设置对话框

图 2.63 元件向导设置完成对话框

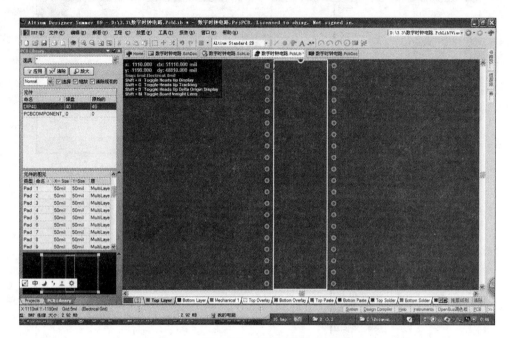

图 2.64　DIP40 封装

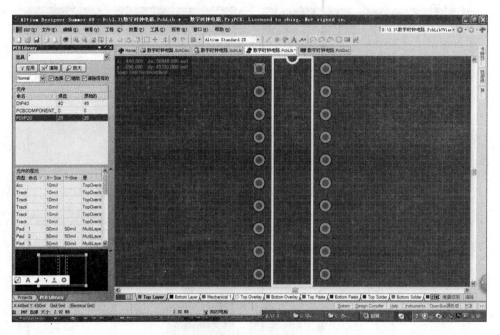

图 2.65　PDIP20 封装

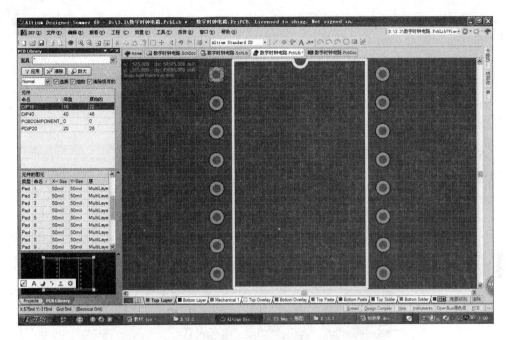

图 2.66　DIP16 封装

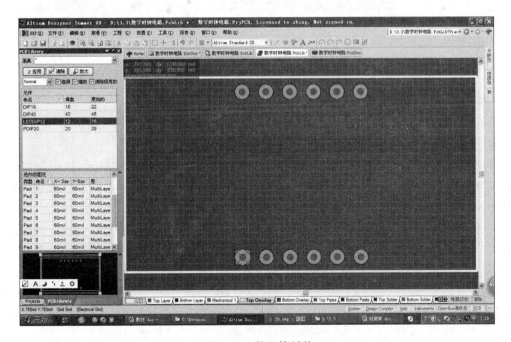

图 2.67　数码管封装

（6）生成 PCB

完成整体电路绘制后，执行"工程"→"Compile Document 数字时钟电路. SchDoc"命令，打开 Messages 窗口，显示原理图编译无错误。

执行"设计"→"Update PCB Document 数字时钟. PCBDoc"命令，弹出"工程更改顺序"对话框，单击"生效更改"按钮，完成状态检测。

检测全部通过后，单击"执行更改"按钮，即完成更改，并在 PCB 编辑环境下自动生成 PCB 图，如图 2.68 所示。

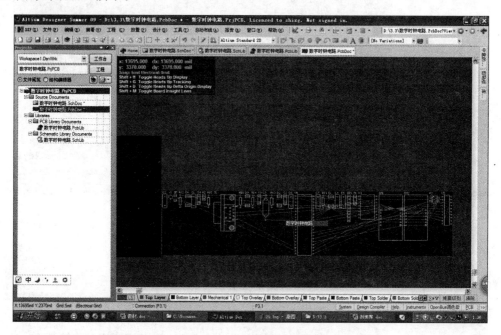

图 2.68　自动生成的 PCB 图

将 Room 和所有元件移动到 PCB 板上，并调整 Room 尺寸。

元件布局采用手动布局的方式，尽量将元器件集中到一个区域，并采用"排列工具"命令，使元件对齐或者等间距排列。

再次调整 Room 尺寸，使 Room 区域覆盖所有的元件即可，布局完毕后，执行"放置"→"走线"命令，绘制出矩形框，选择绘制出的矩形框。然后执行"设计"→"板子形状"→"按照选择对象定义"命令。

执行"设计"→"板子形状"→"根据板子外形生成线条"命令，在 PCB 板外轮廓生成边界线。

需要注意的是，元件布局并非越密越好，元件与元件之间至少应留出 100 mil 的空隙。

进行布线操作，可以选择手动布线或者自动布线。如果自动布线不理想，线条需要手动布线来调整。布线时应注意尽量缩短走线的长度同时减少弯曲的次数。

完成布线后，执行"工具"→"设计规则检查"命令，弹出"设计规则检查"对话框。

单击"运行 DRC"按钮，Messages 窗口显示无错误。至此，数字时钟电路的设计基本绘制完成。

2.3.4　数据采集器

数据采集器首先是通过滑动变阻器来采集电压信号,然后将信号送入模数转换电路,在单片机的控制下进行模数转换,将最终转换的结果通过数码管显示出来。

1)电路设计

(1)电源模块

该部分由一个开关控制 5 V 电源,它的主要作用就是给每个模块提供供电电源。如图 2.69 所示。

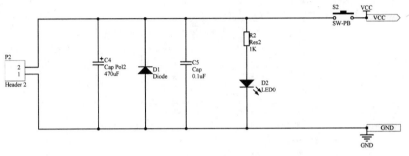

图 2.69　电源模块电路

(2)模数转换电路

该部分通过地址选择信号 ADDA、ADDB、ADDC 三个信号判断地址通道的数据有效性,然后通过地址锁存信号 ALE 和 A/D 转换 START 信号来启动转换。转换结束信号 EOC 和单片机相连,控制单片机能否可以读取转换结果,同时根据 OE 信号来读取转换结果。如图 2.70 所示。

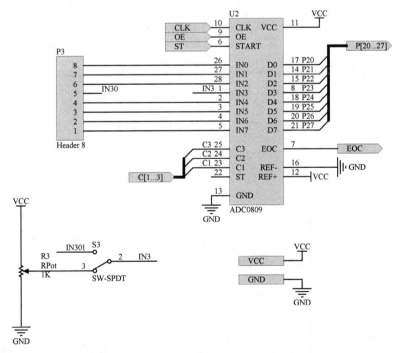

图 2.70　模数转换电路

（3）单片机处理电路

该电路主要进行内部程序处理,将采集到的数字量进行译码处理,外围电路主要由晶振电路及复位电路组成,如图 2.71 所示。

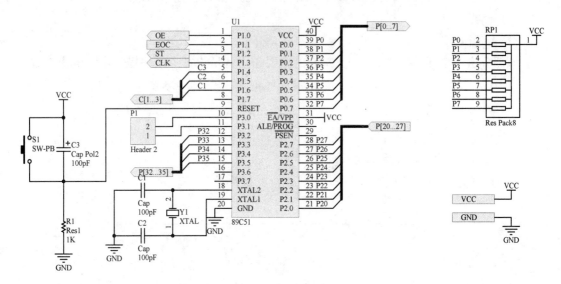

图 2.71　单片机处理电路

（4）数码管显示电路

该电路采用一个 4 位的共阴极数码管,利用单片机 P0 口驱动数码管的 8 位段选信号,P32～P35 驱动数码管的 4 位位选信号。因为是共阴极数码管,所以每个信号都由程序控制产生高电平来驱动显示电路。同时,在段选口接 1 kΩ 的上拉电阻以保证电路能输出稳定的高电平。如图 2.72 所示。

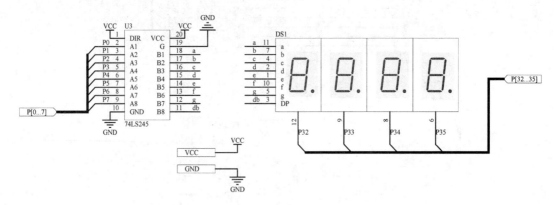

图 2.72　数码管显示电路

2）电路原理图的绘制

（1）顶层原理图绘制

由于该电路模块种类比较多,可以采用层次原理图的设计概念,这样会使得整个设计的结构更加清晰。层次原理图的绘制主要有两种:自上而下和自下而上。本设计采用自上而下的方式。

执行"文件"→"新建"→"Project"命令,将新工程项目命名为"数据采集器",并向其中添加原理图文件和 PCB 文件。

在原理图文件中,执行"放置"→"图表符"命令,此时指针变成十字形,并带有一个方块电路。移动指针到指定位置,单击鼠标左键,确定方块电路的一个顶点,然后移动鼠标至合适位置再次单击鼠标左键,确定方块电路的另一个顶点。将四个模块均放置完成。然后修改每个方块电路的属性。编辑"属性"内的标识和文件名称。如图 2.73、图 2.74、图 2.75所示。

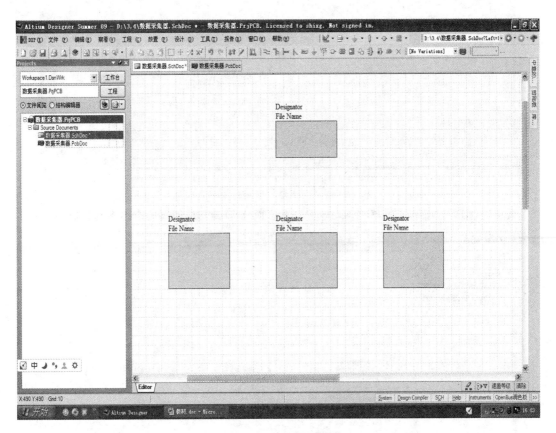

图 2.73 放置"图表符"

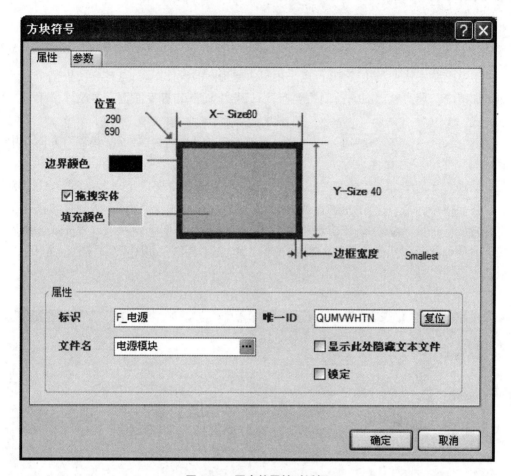

图 2.74　图表符属性对话框

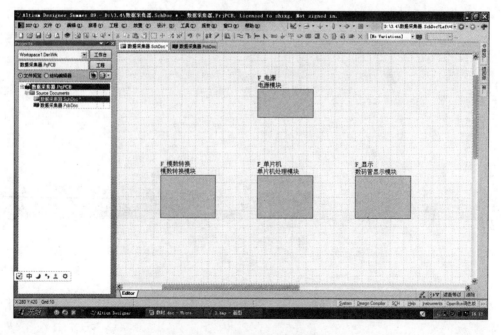

图 2.75　完成"图表符"放置

执行"放置"→"添加图纸入口"命令,此时指针变成十字形,在方块图的内部放置图纸入口符号,并通过双击修改图纸入口符号的参数。一般情况下,方框图的左侧为输入信号,方块图的右侧为输出信号,上下位置放置电源或者接地。如图 2.76、图 2.77、图 2.78 所示。

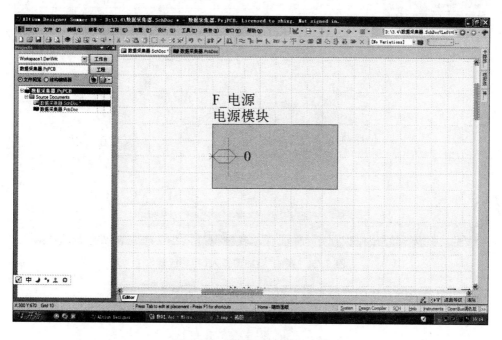

图 2.76 放置"添加图纸入口"

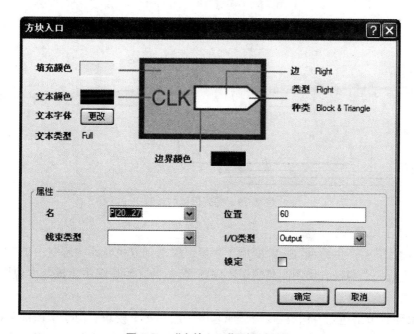

图 2.77 "方块入口"属性对话框

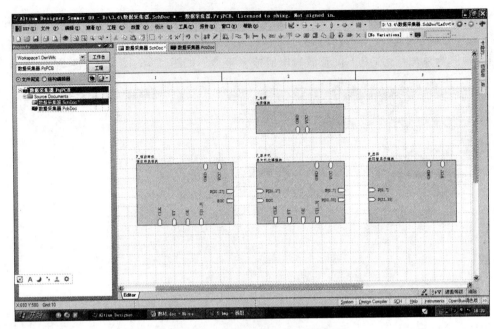

图 2.78　完成"添加图纸入口"的绘制

连接四个方块图直接的电路关系,完成电路连接。如图 2.79 所示。

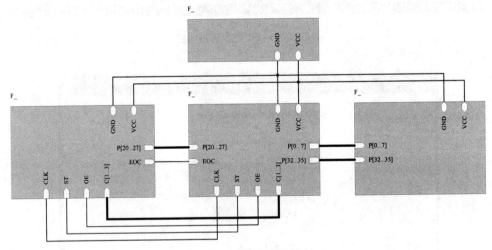

图 2.79　完成母图的绘制

(2) 绘制子原理图

执行"设计"→"产生图纸",指针变成十字形。移动到方块电路内部空白处,单击鼠标左键,系统会生成一个与该方块图同名的子原理图文件,并在原理图中生成与方块图对应的输入/输出端口。

根据前面章节讲述的方法,在每个子原理图中绘制每个模块。由于子图部分信号繁多,可以使用总线(Bus)的方式来绘制。执行"放置"→"总线"菜单命令进入放置总线的状态,出现十字光标。按下 Tab 键,打开"总线"对话框,设置总线属性。在"总线宽度"列表框中选择"Small",在"颜色"框中设置总线为蓝色。单击"确认"按钮退出。将鼠标指针指向需要放置总线的起点,单击鼠标左键,拖动鼠标可以拉出总线,再次单击鼠标左键完成一段总线的放置。依照此方法画出图中所有总线,如图 2.80 所示。

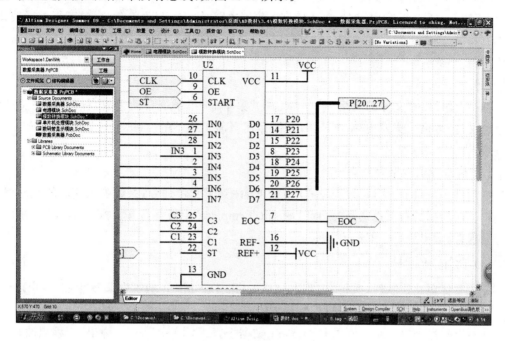

图 2.80　放置"总线"

绘制好总线后,还要通过总线入口将总线与导线连接。执行"放置"→"总线入口"进入放置总线分支线状态,此时光标出现一段斜线,可以通过按空格键来改变总线分支线的方向,根据需要将所有分支线绘制完毕。如图 2.81 所示。

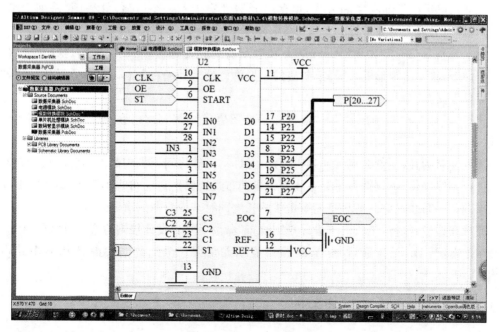

图 2.81　完成" 总线"放置

（3）电气检查

根据设置的电气检查规则和电路连接检测矩阵，在此可以选择默认设置来进行检查。执行"工程"→"Compile PCB Project 数据采集器电路. PrjPCB"菜单命令，对工程进行编译。如果有错误，查看错误报告，根据错误信息提示将原理图进行修改，然后重新编译，直到全部正确。

（4）生成网络表

执行"设计"→"文件的网络表"→"PCAD"菜单命令，系统自动生成当前原理图文件的网络表文件"数据采集器电路. NET"，并保存在当前工程下的"Generated\Netlist Files"文件夹中。

（5）生成元器件报表及输出

在原理图窗口下，执行"报告"→"Bill of Materials"菜单命令，系统弹出相应的元件报表对话框。对话框的右下角选择"BOM Default Template"模板并打开。执行"输出"按钮可以将报表保存，输出为一个 Excel 文件。

3）PCB 的设计

完成整体电路绘制后，执行"工程"→"Compile Document 数据采集器电路. SchDoc"命令，打开 Messages 窗口，显示原理图编译无错误。

执行"设计"→"Update PCB Document 数据采集. PCBDoc"命令，弹出"工程更改顺序"对话框，单击"生效更改"按钮，完成状态检测。

检测全部通过后，单击"执行更改"按钮，即完成更改，并在 PCB 编辑环境下，自动生成PCB 图。

将 Room 和所有元件移动到 PCB 板上，并调整 Room 尺寸。

元件布局采用手动布局的方式，尽量将元器件集中到一个区域，并采用"排列工具"命令，使元件对齐或者等间距排列。

再次调整 Room 尺寸，使 Room 区域覆盖所有的元件即可，布局完毕后，执行"放置"→"走线"命令，绘制出矩形框，选择绘制出的矩形框。然后执行"设计"→"板子形状"→"按照选择对象定义"命令。

执行"设计"→"板子形状"→"根据板子外形生成线条"命令，在 PCB 板外轮廓生成边界线。

需要注意的是，元件布局并非越密越好，元件与元件之间至少应留出 100 mil 的空隙。

进行布线操作，可以选择手动布线或者自动布线。如果自动布线不理想，线条需要手动布线来调整。布线时应注意尽量缩短走线的长度同时减少弯曲的次数。

完成布线后，执行"工具"→"设计规则检查"命令，弹出"设计规则检查"对话框。

单击"运行 DRC"按钮，Messages 窗口显示无错误。至此数据采集器 PCB 电路设计完成。

2.3.5 函数信号发生器的设计

函数信号发生器用于产生方波、三角波和正弦波。其中方波发生器主要由比较器构成，而三角波发生器可以通过方波信号的积分产生,当得到一个合适大小的三角波时又可以通过差分放大器输出正弦波。如图2.82所示。

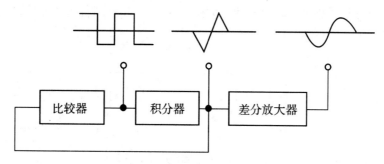

图 2.82　函数信号发生器的结构

在本例中要求设计一个可输出方波、三角波和正弦波信号的函数信号发生器;输出频率要求在 $1\sim10$ kHz 范围内连续可调,并且无明显失真;方波的峰峰值 $U_{opp}=12$ V,上升、下降沿小于 10 μs,占空比可调范围为 $30\%\sim70\%$;三角波和正弦波的峰峰值分别满足 $U_{opp}=8$ V 和 $U_{opp}>1$ V;三种输出波形的峰峰值 U_{opp} 均可在 $1\sim10$ V 内连续可调;三种输出波形的输出阻抗小于 100 Ω。

1)电路设计

(1)方波-三角波产生电路

运放 4558 用于产生波形,在第一级运放的输出端为方波产生电路,第二级运放的输出端为三角波产生电路。图 2.83 中两个稳压管的作用是使方波的输出稳定在一个定值上,同时根据第二级运放的充放电时间决定三角波的输出幅值。

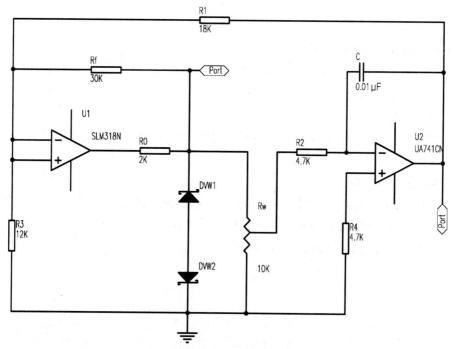

图 2.83　方波-三角波产生电路

（2）三角波-正弦波的产生电路

图 2.84 中 R_{W1} 用于调节三角波的幅值，R_{W2} 用于调整电路的对称性，并联电阻 R_E 用来减小差分放大器传输特性曲线额线性区，电容 C_1、C_2、C_3 起到隔直流的作用，C_4 用于滤波。

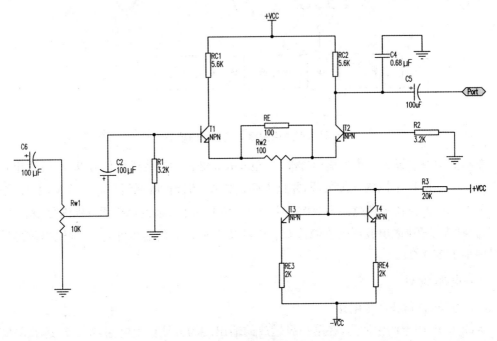

图 2.84　三角波-正弦波的产生电路

2）电路原理图绘制

（1）新建项目工程文件

首先，执行"文件"→"新建"→"Project"命令，将新工程项目命名为"函数信号发生器电路"，并向其中添加原理图文件和 PCB 文件。

（2）设置原理图设计环境

设置图纸，将图纸设置成 A4 规格，图纸方向为横向，标题栏格式用标准格式，其他参数为默认设置。

（3）绘制原理图元件

在绘制原理图时，有时芯片是以其内部逻辑结构展现的，例如本设计中的 4558 芯片，其内部为两个运算放大器，在绘制电路图时，为方便理解原理就绘制成两个部件，在 Altium Designer 中也可以通过这种形式绘制，具体操作如下：

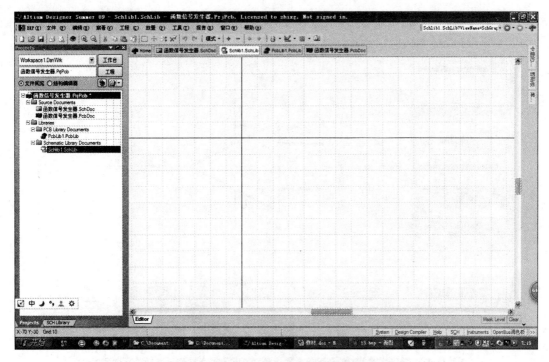

图 2.85　新建"SchLib1. SchLib"原理库文件

　　① 新建一个原理库文件,命名为"SchLib1. SchLib",如图 2.85 所示,在原理图库文件下,将系统默认新建的元件"Component-1"重命名为"4558"。单击原理图符号绘制工具中的"放置多边形"按钮,按照图示绘制一个三角形的运算放大器符号。

　　② 放置引脚。单击原理图符号绘制工具栏中的"放置引脚"按钮,将引脚按照图中的位置依次放置,并改变其引脚名称和引脚编号。在 4558 芯片中,1 脚为输出引脚"OUT1",2 脚为输入引脚"IN1($-$)",3 脚为输入引脚"IN1($+$)",4 脚为电源引脚"$-V_{CC}$",8 脚为电源引脚"$+V_{CC}$"。一般都会把 4 脚和 8 脚隐藏起来。在编辑引脚属性时,将 4 脚和 8 脚中的"隐藏"后面的勾打上。如果想显示隐藏引脚可以通过执行菜单命令"视图"→"显示隐藏引脚"菜单来显示。如图 2.86~图 2.89 所示。

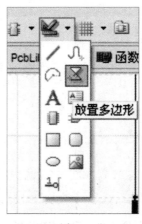

图 2.86　放置多边形

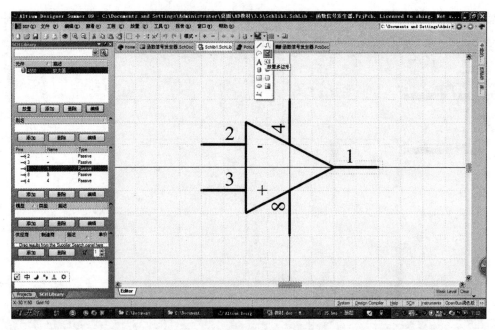

图 2.87　绘制第一个子部件

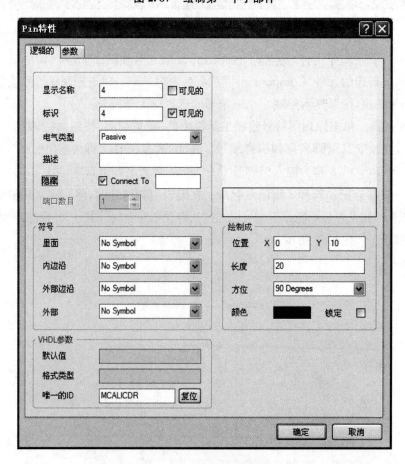

图 2.88　隐藏引脚设置

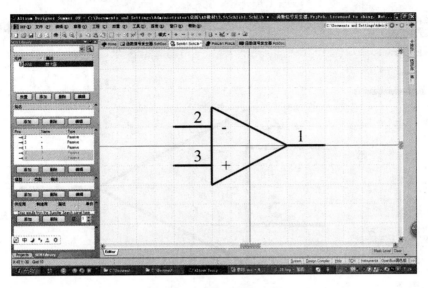

图 2.89 隐藏 4 脚和 8 脚

③ 创建第二个子部件。执行"编辑"→"选中"→"内部区域"菜单命令,选中刚才绘制的元件部件,单击标准工具栏中的"复制"按钮,复制所选内容。执行"工具"→"新部件"菜单命令。此时,"SCH Library"面板上库元件"4558"的名称前面多了一个"十"号,单击"十"号,可以看到该元件的两个部件。Part A 为绘制好的部件,Part B 为新建的部件,在 Part B 中将之前复制的部分粘贴。修改引脚编号为 5 脚、6 脚和 7 脚。在绘制原理图时,注意将新建的元件库加入。如图 2.90、图 2.91、图 2.92 所示。

图 2.90 创建新部件

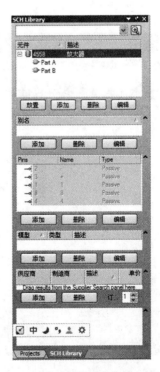

图 2.91 新建子部件后的"SCH Library"

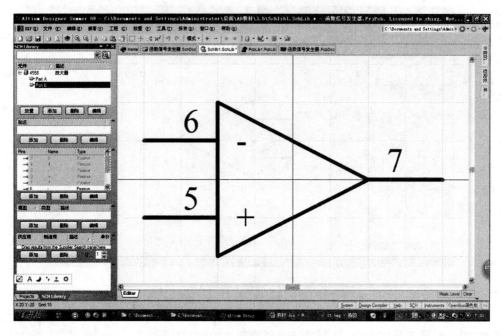

图 2.92　第二个子部件绘制

（4）放置元件

加载元件库,在"库"面板对话框中单击"Libraries"按钮,弹出"可用库"对话框,对话框中有 3 个标签页,在"安装"标签页下,选中需要添加的元件库（"Schlib1. SchLib"）,点击"安装"按钮。如图 2.93 所示。

图 2.93　添加元件库

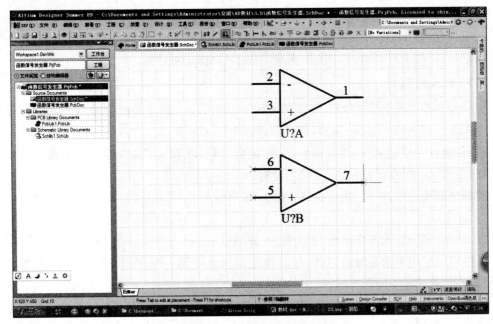

图 2.94　放置元件 4558

将函数信号发生器中的元件放置到工作区,按照电路图将所有元件摆放整齐。如图 2.94 所示。

放置"电源端口"和"接地"符号,并更改元件属性,当元件处于悬浮状态时,按 Tab 键,或者在元件放置好后在元件上双击鼠标左键,都可以打开元件属性对话框。在"标识符"栏设置元件编号,在"注释"栏设置元件型号或者标称值。"Models"区中可以通过"Footprint"栏设置元件封装形式。

(5) 电路的电气连接

执行"放置"→"导线"菜单命令,鼠标变成十字形,将光标移动到需要连接的元件管脚上,光标所带的叉变成红后,单击鼠标左键,确定导线起点。移动鼠标画导线,鼠标移动到终点,点击鼠标左键结束该条导线。依次将所有导线绘制完成。检查节点,在两条相交的导线处判断电气上是否连接,如果连接则有节点,如果没有连接,可将自动放置的节点删除。

(6) 电气检查

根据设置的电气检查规则和电路连接检测矩阵,在此可以选择默认设置来进行检查。执行"工程"→"Compile PCB Project 函数信号发生器电路. PrjPCB"菜单命令,对工程进行编译。如果有错误,查看错误报告,根据错误信息提示将原理图进行修改,然后重新编译,直到全部正确。

(7) 生成网络表

执行"设计"→"文件的网络表"→"PCAD"菜单命令,系统自动生成了当前原理图文件的网络表文件"音频放大电路. NET",并保存在当前工程下的"Generated\Netlist Files"文件夹中。

(8) 生成元器件报表及输出

在原理图窗口下,执行"报告"→"Bill of Materials"菜单命令,系统弹出相应的元件报表对话框。在对话框的右下角选择"BOM Default Template"模板并打开。执行"输出"按钮可以将报表保存,输出为一个 Excel 文件。单击"打开报表"按钮可以打开表格文件,单击"打印"按钮可以将报表打印输出。单击"关闭"按钮可以退出对话框。

3) PCB 的设计

完成整体电路绘制后,执行"工程"→"Compile Document 函数信号发生器电路设计.SchDoc"命令,打开 Messages 窗口,显示原理图编译无错误。

执行"设计"→"Update PCB Document 函数信号.PCBDoc"命令,弹出"工程更改顺序"对话框,单击"生效更改"按钮,完成状态检测。

检测全部通过后,单击"执行更改"按钮,即完成更改,并在 PCB 编辑环境下,自动生成 PCB 图。

将 Room 和所有元件移动到 PCB 板上,并调整 Room 尺寸。

元件布局采用手动布局的方式,尽量将元器件集中到一个区域,并采用"排列工具"命令,使元件对齐或者等间距排列。

再次调整 Room 尺寸,使 Room 区域覆盖所有的元件即可,布局完毕后,执行"放置"→"走线"命令,绘制出矩形框,选择绘制出的矩形框。然后执行"设计"→"板子形状"→"按照选择对象定义"命令。

执行"设计"→"板子形状"→"根据板子外形生成线条"命令,在 PCB 板外轮廓生成边界线。

需要注意的是,元件布局并非越密越好,元件与元件之间至少应留出 100 mil 的空隙。

进行布线操作,可以选择手动布线或者自动布线。如果自动布线不理想,线条需要手动布线来调整。布线时应注意尽量缩短走线的长度同时减少弯曲的次数。

完成布线后,执行"工具"→"设计规则检查"命令,弹出"设计规则检查"对话框,单击"运行 DRC"按钮,Messages 窗口显示无错误。至此函数信号发生器电路设计完成。

2.3.6　小结

本节通过 5 个实例讲述了 Altium Designer 强大的设计功能及丰富的绘图功能。从简单的原理图绘制到复杂的原理图绘制,既可以直接调用常用的元件库,也可以自行设计元件库和封装库,丰富电路功能。

第二部分
软件应用

第 3 章　Protel 99 SE 软件应用

3.1　Protel 99 SE 的文件类型

Protel 99 SE 的文件类型和它的文件格式一样，也是种类繁多，一些具体的文件类型说明如表 3.1 所示。

表 3.1　Protel 99 SE 软件文件类型注释表

文件类型	注释	文件类型	注释
prj	项目文件	pld	描述文件
ddb	设计数据库文件	rep	生成的报告文件
sch	原理图文件	XRF	交叉参考元件列表文件
ERC	电气规则测试报告文件	XLS	元件列表文件
PCB	印制板图文件	txt	文本文件
lib	元件库文件	abk	自动备份文件
net	网络表文件		

3.2　Protel 99 SE 的运行、安装与卸载

3.2.1　Protel 99 SE 的运行环境

Protel 99 SE 运行环境的推荐硬件配置要求 CPU 为 Pentium Ⅱ 400 及以上 PC 机，内存不小于 128 M，显卡要求能支持 $800 \times 600 \times 16$ 位色以上显示，光驱不小于 24 倍速。为了使软件正常工作，要求操作系统为 Windows NT/95/98 及以上版本。运行环境 Windows NT/95/98 及以上版本操作系统。

由于软件的自动化性能及仿真模块在运行时会存在大量的运算和存储过程，所以对机器的性能要求也比较高，因此配置越高越能充分发挥它的优点。

3.2.2　Protel 99 SE 的安装

与大多数软件类似，Protel 99 SE 的安装很简单，只需要按照软件提供的安装向导上的提示进行操作即可，具体安装步骤如下：

（1）运行软件光盘，双击光盘中 Protel 99 SE 子目录下的 Setup.exe 文件，跳出如图 3.1 所示的对话框。

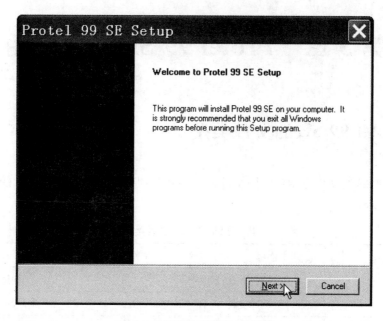

图 3.1　欢迎安装界面对话框

　　(2) 单击图 3.1 所示对话框中的"Next"按钮,将显示第 2 个输入用户信息的对话框,如图 3.2 所示。在该对话框中,"Name"用于输入用户的用户名;"Company"输入用户的单位名称;"Access Code"用于输入协议代码,即软件产品的序列号。输入完这些信息后,原本呈灰色的"Next"按钮变为黑色。

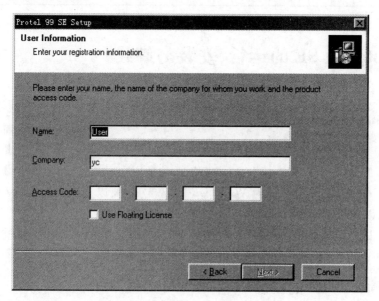

图 3.2　用户信息对话框

　　(3) 单击图 3.2 对话框中的"Next"按钮,将显示第 3 个安装路径对话框,该对话框显示了安装 Protel 99 SE 的默认路径,如图 3.3 所示。如果想更改,则单击右边的"Browse"按钮,选择安装路径,如图 3.4 所示。

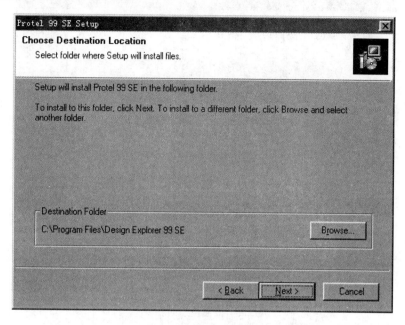

图 3.3 安装路径对话框

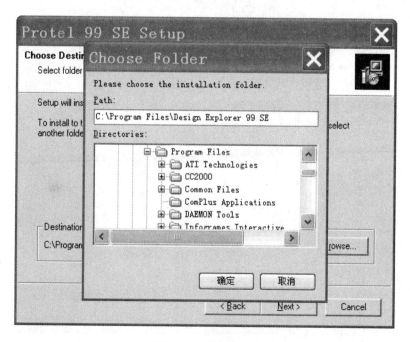

图 3.4 修改安装路径

(4) 确认安装路径后,继续单击"Next"按钮,将显示第 4 个安装类型对话框,如图 3.5 所示。其中:"Typical"单选按钮为典型安装;"Custom"单选按钮为定制安装,一般建议选择前者。

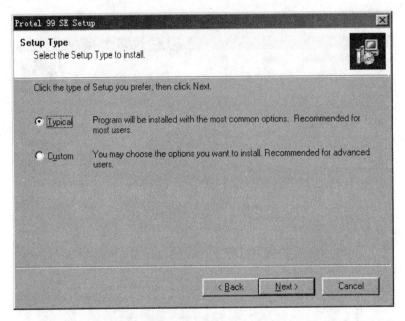

图 3.5 安装类型对话框

（5）选择安装类型后，单击"Next"按钮，将显示第 5 个确认安装对话框，如图 3.6 所示。若单击"Back"按钮则可以返回前面的步骤。

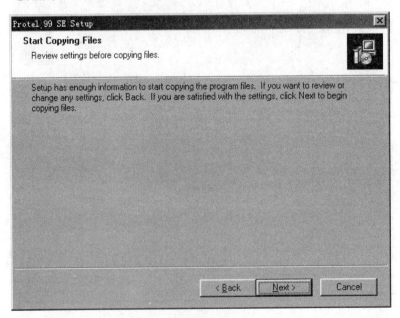

图 3.6 确认安装对话框

（6）确认安装后，单击图 3.6 中的"Next"按钮，软件开始安装，安装过程中会显示安装进度界面，若需要终止安装过程，可以单击"Cancel"按钮。安装后选择重新启动系统，接着显示第 6 个完成安装对话框，如图 3.7 所示，单击"Finish"按钮完成安装。

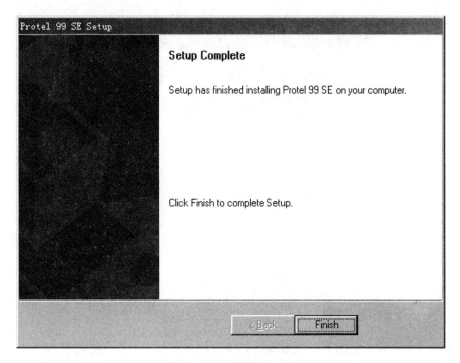

图 3.7　完成安装对话框

Protel 99 SE 安装完成后,系统会自动在"开始→程序"菜单中创建一个 Protel 99 SE 的快捷子菜单,同时在桌面上创建一个 Protel 99 SE 快捷图标。

如果有些设计者所安装的 Protel 99 SE 不是最新版本,可以通过安装升级包升级,从而保证设计者所使用的软件拥有最完善的性能,方便设计者后面的学习和使用。我们以安装 Service Pack 6 升级包为例,双击 Service Pack 6 的安装文件,将出现如图 3.8 所示的确认安装对话框,选择同意协议内容并继续,升级包中的更新程序会自动搜索到电脑中所安装的 Protel 99 SE 程序并弹出升级对话框,单击"Next"按钮确认开始升级,更新完成后会跳出完成对话框,如图 3.9 所示,单击"Finish"按钮,至此就完成了对 Protel 99 SE 程序的升级。

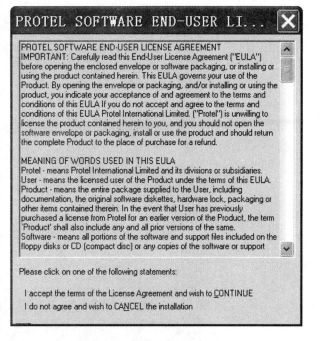

图 3.8　确认安装对话框

图 3.9　确认完成对话框

3.2.3　Protel 99 SE 的卸载

有些设计者在某些情况下需要卸载掉 Protel 99 SE 软件,具体操作步骤如下:

(1) 点击 Windows "开始"菜单中的"设置→控制面板",然后在控制面板中找到并双击"添加/删除程序"图标,跳出如图 3.10 所示的对话框。

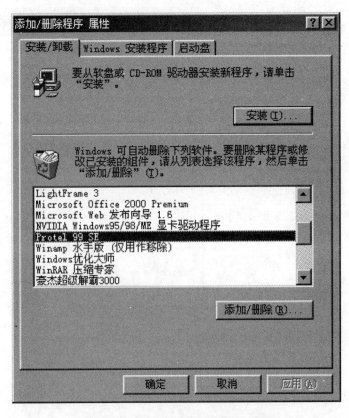

图 3.10　"添加/删除程序"属性对话框

（2）单击图 2.10 对话框中的"添加/删除"按钮，将显示如图 3.11 所示的"Setup"对话框，其中："Modify"选项表示将自动修复破坏的 Protel 99 SE 系统；"Repair"选项表示将重新安装 Protel 99 SE；"Remove"选项表示将卸载 Protel 99 SE 软件。

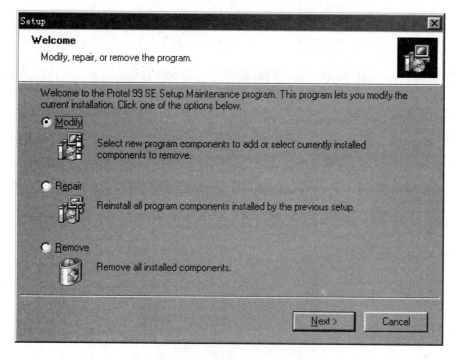

图 3.11　"Setup"对话框

（3）选择第三个"Remove"选项，然后单击"Next"按钮，将弹出确认删除软件的对话框，如图 3.12 所示。

图 3.12　删除确认对话框

（4）单击图 3.12 中的"确定"按钮，开始卸载。在卸载过程中，可单击"取消"按钮以终止卸载。

（5）单击"Finish"按钮完成卸载。

3.3　Protel 99 SE 的启动和关闭

3.3.1　Protel 99 SE 的启动

每次使用 Protel 99 SE 软件前我们都必须先启动软件。Protel 99 SE 的启动方法有以下 4 种：

（1）通过"开始"菜单直接启动

单击电脑任务栏中的"开始"图标，跳出如图 3.13 所示的"开始"菜单栏，选择并单击 Protel 99 SE 图标，从而启动 Protel 99 SE 软件。

图 3.13　单击"开始"菜单栏中的"Protel 99 SE"菜单项启动

（2）通过"Protel 99 SE"菜单组启动

单击"开始"后选择其中的"程序"图标，在跳出的菜单组中找到并单击"Protel 99 SE"，在新跳出的菜单栏中单击 Protel 99 SE 图标，从而启动 Protel 99 SE 软件，如图 3.14 所示。

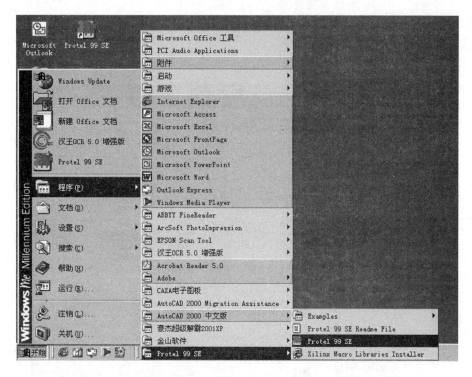

图 3.14　单击"Protel 99 SE"菜单组中"Protel 99 SE"菜单项启动

（3）通过桌面菜单直接启动

直接在桌面上找到并双击 Protel 99 SE 图标，从而启动 Protel 99 SE 软件，如图 3.15 所示。

图 3.15　双击桌面的"Protel 99 SE"图标启动

（4）通过设计数据库文件启动

直接在 Protel 99 SE 的存储地址中双击一个已有的 Protel 99 SE 的设计数据库文件（.DDB 文件），Protel 99 SE 程序会自动启动，同时所选择的设计数据库也会被打开，如图 3.16 所示。

图 3.16　通过设计数据库文件启动

启动主应用程序之后，系统即可进入如图 3.17 所示的设计主窗口。

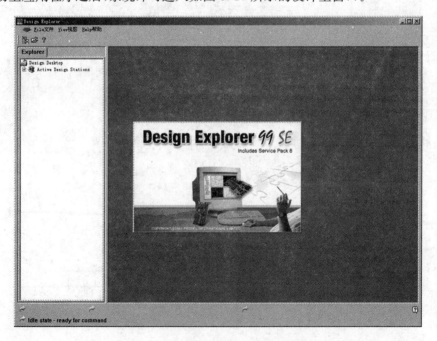

图 3.17　启动后的 Protel 99 SE 主窗口

3.3.2　Protel 99 SE 的关闭

想退出 Protel 99 SE 软件时，有 3 种不同的方法来关闭 Protel 99 SE 软件：

（1）通过菜单命令退出

点击 Protel 99 SE 软件上方的"File"菜单，如图 3.18 所示，在弹出的下拉菜单组中找到并单击"Exit 退出"菜单项，从而退出系统。

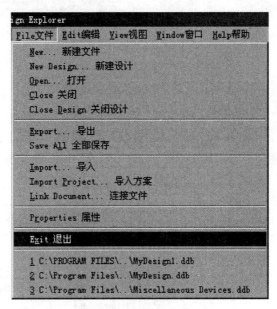

图 3.18　通过执行菜单命令退出 Protel 99 SE

（2）通过系统按钮退出

单击如图 3.19 所示的软件主窗口标题栏右上方的"✕"按钮退出，或者直接双击上方蓝色条状的"系统菜单"按钮退出。

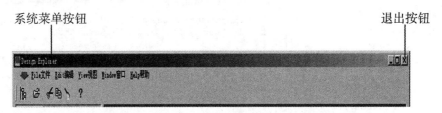

图 3.19　通过操作标题栏按钮或系统菜单按钮退出 Protel 99 SE

（3）通过热键退出

最后一种方式是通过热键，按下"Alt＋F4"组合键即可退出 Protel 99 SE 软件。

在通过前面三种方式退出 Protel99 SE 主程序时，如果之前操作中修改了系统文档而没有及时保存，则在退出系统前会出现一个如图 3.20 所示的对话框，用以询问当前用户是否需要对修改后的文档进行保存。"Yes"按钮代表需要保存，同时退出软件系统；"No"按钮代表不想保存文件，直接退出系统；"Cancel"按钮则代表既不保存文件也不退出系统。

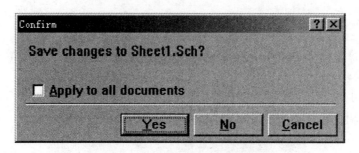

图 3.20 退出时的"询问"对话框

3.4 系统参数的设置

需要在了解软件每个功能模块的基础上，对每个模块的系统参数进行设置，具体操作及介绍如下：

打开软件上方菜单栏中的"File"菜单，弹出如图 3.21 所示的"File"下拉菜单选项。

单击图 3.21 中的"Preferences"选项，从而打开"设置系统参数"的对话框，如图 3.22所示。

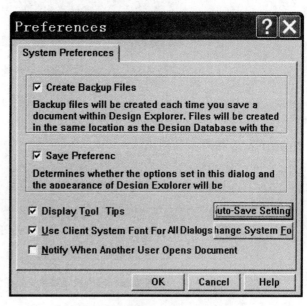

图 3.21 "File"菜单的下拉菜单栏　　　图 3.22 "设置系统参数"的对话框

如图 3.22 所示，参数设置对话框中有 5 个复选框：选中"Create Backup Files"，代表每次系统在保存设计文档时都会自动生成备份文件，备份文件的命名方式是前缀"Backup of"和"Previous Backup of"加原文件名，同时备份文件会自动保存在和原文件相同的目录下；选中"Save Preference"，代表用户在关闭软件时，若设计环境参数有所修改，那么系统会自动保存修改后的参数设置，否则将恢复默认状态参数；选中"Display Tool Tips"，代表当鼠标移至工具栏上的按钮时，系统会自动显示该工具的属性和用途，即工具栏提示特性已被激活；选中"Use Client System Font For All Dialogs"，代表所有对话框文字都会采用用户指定的方式，否则会采用系统默认的方式，系统默认的字体显示方式如图 3.23 所示，单击该复选框右边的"Change System Font"按钮则可对系统对话框字体进行设置（图 3.24）；选中最后一个复选框"Notify When Another User Opens Document"，代表在其他用户打开文档时系统会自动提示。

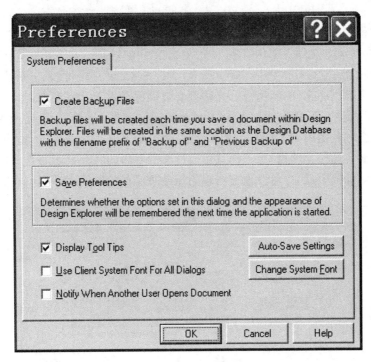

图 3.23　系统默认的字体显示方式

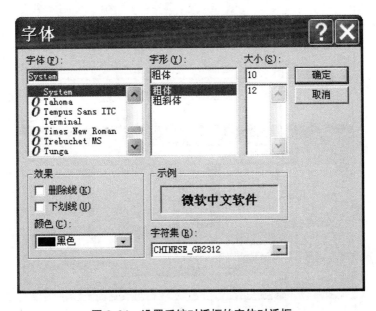

图 3.24　设置系统对话框的字体对话框

3.5 Location 标签项

"Location"标签项（图 3.25）有两个选填框，其中上方的下拉框用于选择保存类型，它有"MS Access Database"和"Windows File System"两个选项。"MS Access Database" 选项代表整个设计过程中的所有文件都存储在同一个数据库中，即所有的原理图文件、PCB 文件、网络表文件、材料清单文件等都保存在一个. ddb 文件中，因此用户在选择该选项后在资源管理器中只能看到一个. ddb 文件。"Windows File System" 选项代表在对话框下方所指定的位置建立一个数据库文件夹，所有的文件都会自动保存在该文件夹中。

"Location"标签页下方的"Database File Name"文本框用于输入新建任务的文件名，即所设计的电路图的数据库名，文件名的后缀为. ddb，最下方的 Database Location 会显示出新建任务文件的具体保存路径，保存地点可通过单击右边的"Browse"按钮进行修改，在弹出的"文件另存"对话框中，用户可以设定新建的任务所保存的路径，如图 3.26 所示。

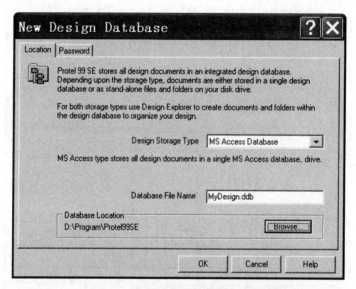

图 3.25 "Location 标签项"对话框

图 3.26 文件另存对话框

另外，如果文件的保存类型选择的是"MS Access Database"类型，则对话框将会自动增加一个新的名为 Password(密码)的标签项，如图 3.27 所示；若选择的保存类型是"Windows File System"，则不会出现该标签项。若想对新建任务设置密码，可选择"Yes"按钮，然后在右边的"Password"编辑框中输入密码，并在下方的"Confirm Password"(确认密码)编辑框中再次输入密码，然后单击"OK"按钮即完成密码的设置；若单击"No"按钮，则可以取消密码的设置。需要注意的是，若设计任务设置了密码，那么用户需记住所设置的密码，否则将无法打开任务。

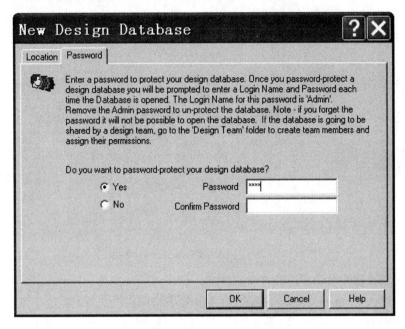

图 3.27　Password 标签项对话框

3.6　设计任务管理器

从图 3.28 我们可以清楚地看出，设计管理界面由标题栏、菜单栏、工具栏、设计管理器、状态栏以及工作区等部分组成。

在设计管理器中可以看到，一个设计任务包含 3 个项目，分别是 Design Team(设计团队管理)、Recycle Bin(回收站)和 Documents(文件管理)。

Design Team(设计团队管理)用于存放权限数据，它可以使多位设计者同时在同一张设计图上进行工作，同时通过 Design Team，软件也可以管理多位用户使用同一个设计数据库。Design Team 文件夹下有 3 个子文件夹：Members 文件夹用于存放有权访问该设计数据库的成员列表；Permission 文件夹用于存放各成员的权限列表；Sessions 文件夹用于存放在系统打开状态下，该设计任务下产生的文档或者文件夹的窗口名称列表。

顾名思义，Recycle Bin(回收站)相当于 Windows 中的回收站，在设计过程中所删除的所有文件都会自动保存在该文件夹中，用户可以在该文件夹中恢复一些误删除的文件。如果想彻底删除某些文件而不被放入 Recycle Bin 文件夹中，用户可通过按"Shift＋Delete"键实现。

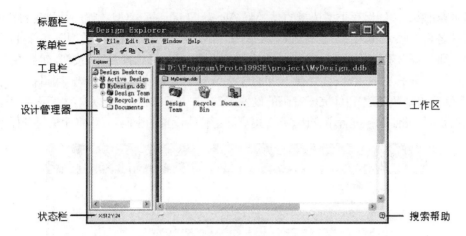

标题栏

菜单栏

工具栏

设计管理器

工作区

状态栏

搜索帮助

图 3.28　设计任务管理器界面

Documents(文档管理)用于对用户所建立的设计任务中的各个文件进行管理,设计任务的所有文件都会由系统自动保存在该文件夹中。

3.7　设计文件的建立

Protel 99 SE 软件提供了三种方法来建立一个新的设计文件。

(1) 双击进入 Documents 文件夹,然后点击软件菜单栏中的"File"命令,找到其下拉菜单中的"New"命令并单击该命令(图 3.29),从而打开如图 3.30 所示的新建文件对话框,选择用户需要使用的文件类型,单击"OK"按钮,即可创建一个相应的新文件。

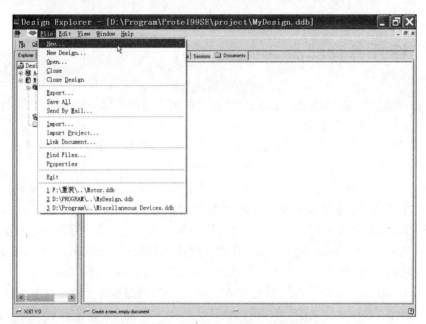

图 3.29　通过菜单栏建立新文件

（2）直接在 Documents 文件夹中单击鼠标右键，然后在弹出的快捷菜单中选择"New"命令，同样弹出如图 3.30 的新建文件对话框。

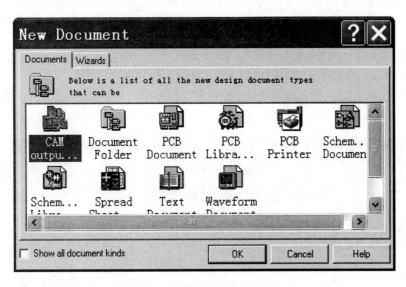

图 3.30 通过快捷菜单建立新文件

（3）前面两种都是通过直接创建的方式来建立一个新文件，除此之外，系统还为用户提供了软件向导以建立新文件。在图 3.30 中选择"Wizards"标签栏，得到如图 3.31 所示的对话框，两个图标分别表示原理图文件向导和 PCB 文件向导，若想要建立其他类型的文件，可选中左下角的选框，然后用户可以选择所需要的文件类型向导，点击"OK"按钮从而创建相应的新文件。

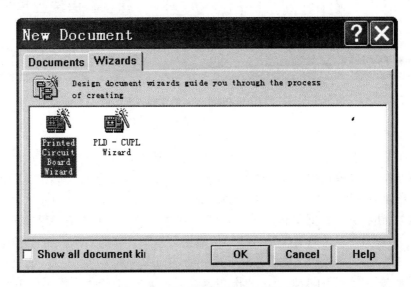

图 3.31 通过软件向导建立新文件

3.8 Protel 99 SE 的窗口管理

Protel 99 SE 操作简便,主要体现在其采用窗口化管理,以原理图文件为例,如图 3.32 所示,Protel 99 SE 的窗口界面主要由以下八部分组成,分别为标题栏、菜单栏、工具栏、设计器窗口、设计管理器窗口、浏览管理器窗口、状态栏以及命令指示栏,下面我们对后七个部分一一进行介绍。

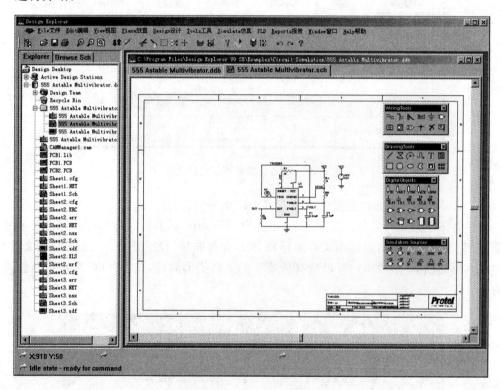

图 3.32 Protel 99 SE 的窗口界面

(1) 菜单栏

当文件类型不同时,菜单栏的形式是不变的,但具体内容(命令)却有着很大的不同。在文件打开的状态下,左键单击菜单栏中的菜单名称(如 File),然后在其弹出的下拉菜单中选择需要执行的某一命令即可对文件进行相对应的操作。

除此之外,还有另一种更简单的方式来执行菜单栏命令。在用户熟练掌握 Protel 99 SE 的软件之后,可以直接通过热键来执行菜单栏命令。每个具体的菜单栏命令都有相应的热键,如图 3.33 所示,每个菜单名称中带有下划线的字母即为该菜单的热键,如"Edit"的热键即为"E",同时按下"Alt"和热键,就会弹出相应的下拉菜单,对于大多数菜单中的命令项也具有热键,只要在弹出所在的下拉菜单后,接着按下该命令项热键,即可运行相应的菜单命令。

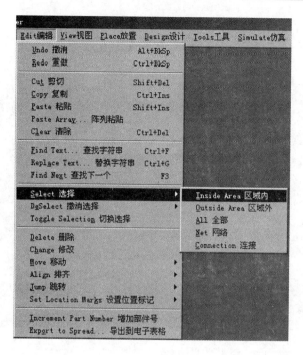

图 3.33　"Edit"菜单及相关命令项

（2）工具栏

为了方便用户的操作，Protel 99 SE 专门为客户设计了工具栏，为客户避免了繁琐的菜单项命令，而可以直接通过直观的工具栏对文件进行相关操作。为了使用户能更好地使用工具栏，每个工具栏按钮都会有相应的功能说明，只要将鼠标放至某个命令按钮上静止片刻，在鼠标旁边就会显示该命令按钮的功能说明。

工具栏可通过执行菜单栏中的"View→Toolbars"命令调出或关闭相应的工具栏，如图 3.34 所示。工具栏是浮动的，只要将鼠标左键按住工具栏拖动即可使工具栏移至相应的位置，同时左键点击工具栏上的"退出"按钮也可关闭该工具栏。

（3）设计器窗口

设计器窗口是每个设计文件的工作区域，如图 3.35 所示，它是一个具有标题栏和标签栏的子窗口。设计器窗口的标题栏方便用户在打开多个文件的情况下可以对多

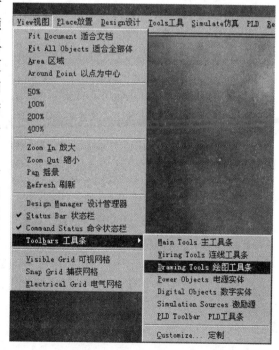

图 3.34　打开和关闭工具栏菜单

个文件进行切换操作，而设计器窗口底部的工作层标签只有 PCB 编辑器才有，它方便用户

在多个工作层上切换设计。

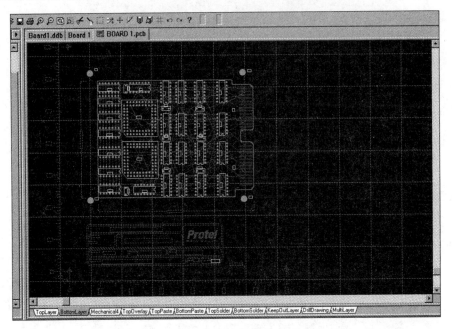

图 3.35 设计器窗口

（4）设计管理器窗口

设计管理器窗口用于管理设计任务中所生成的各种文件，它的窗口格式如图 3.36 所示，在设计文件中它和浏览管理器窗口是重叠的。在设计管理器窗口中，双击一个文件，就会在设计窗口中打开该文件。如果设计器窗口中已打开了多个文件，只要在设计管理器中单击其中一个文件，就可以使该文件在设计器窗口中显示为当前状态。

（5）浏览管理器窗口

在设计文件中，设计管理器中顶部多了个 Browse Sch（原理图设计文件）或 Browse PCB（PCB 设计文件）标签，如图 3.37 所示，单击这个标签就可以打开浏览管理器。浏览管理器主要用于在设计电路或 PCB 板图的过程中查看和调用相应元件。

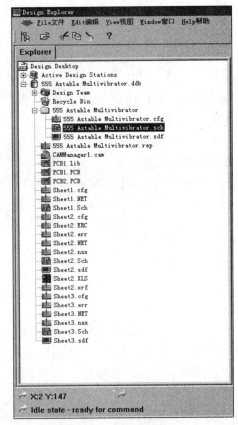

图 3.36 文档管理器

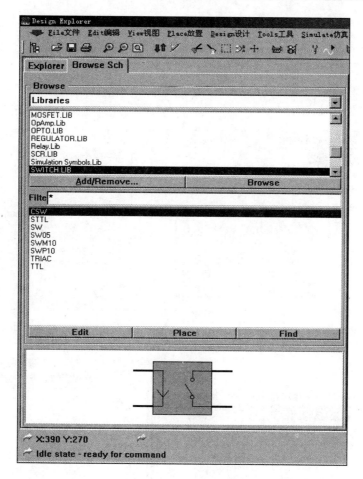

图 3.37　浏览管理器窗口

（6）状态栏和命令指示栏

状态栏和命令指示栏都位于软件窗口界面的底部。状态栏上会显示任务执行进度蓝条、百分比以及执行的进程说明等信息，如图 3.38 所示。命令指示栏用于显示当前鼠标所在的位置、当前的命令操作以及操作说明等，如图 3.39 所示。

图 3.38　状态栏

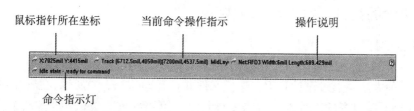

图 3.39　命令指示栏

（7）快捷菜单

在软件窗口界面的不同位置单击鼠标右键会出现不同内容和功能的快捷菜单,如文档对象快捷菜单、原理图快捷菜单、设计窗口中的标签快捷菜单以及设计窗口中空白处的快捷菜单等,具体如图 3.40～图 3.43 所示。在用户熟悉了软件之后,快捷菜单可以帮助用户更快、更高效地完成相应操作。

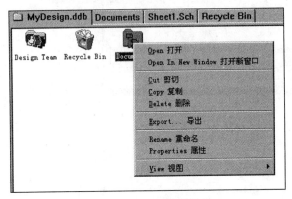

图 3.40　文档对象快捷菜单

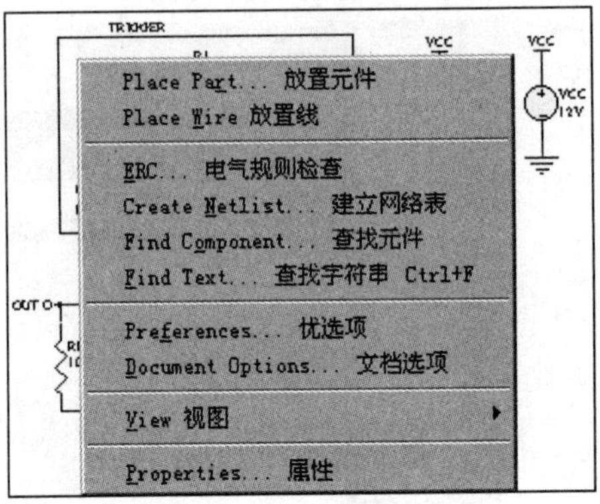

图 3.41　原理图快捷菜单

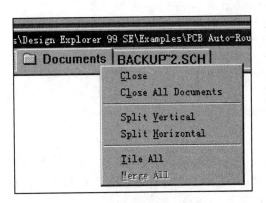

图 3.42　标签快捷菜单

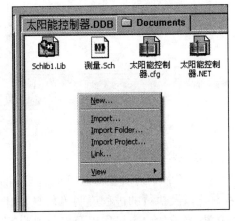

图 3.43　设计窗口空白处的快捷菜单

3.9　文件的其他操作

3.9.1　文件的打开、关闭、删除和恢复

（1）文件的打开

文件的打开方式有两种,其中一种我们已经在前面介绍过了,即通过双击文件图标打开文件,另外一种方法是通过设计管理器选择文件并打开,如图 3.44 所示,在界面左侧的设计管理器中找到所要打开的文件然后双击图标打开。第二种方式更适用于文件较多时使用,由于设计管理器的层结构是与适当的目录结构设计相配合的,因此在项目较大、文件较多

时,使用设计管理器来打开文件会带来很大的便利。

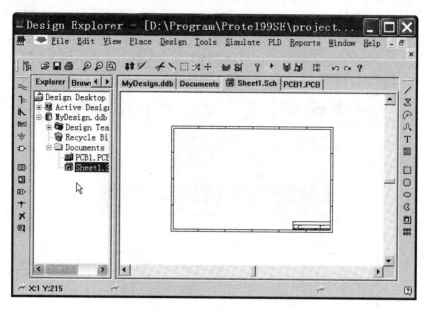

图 3.44　通过设计管理器打开文件

（2）文件的关闭

点击系统菜单栏中的 File→Close 菜单命令就可以关闭当前所打开的文件。还有一种方法如图 3.45 所示,在文件标签上单击右键,在弹出的快捷菜单中左键点击"Close"命令,从而关闭该文件。值得注意的是,前一种方法只能关闭当前文件,而后一种方式则可关闭非当前文件。

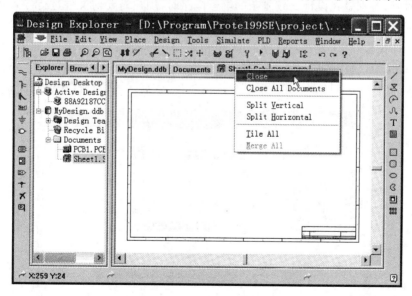

图 3.45　通过快捷菜单关闭文件

（3）文件的删除和恢复

在设计过程中,用户有时需要删除某些文件,需要注意的是在删除文件前确保这些文件已关闭,否则操作删除动作后系统会报警出错。打开系统的 Documents 文档,在其中单击选中想要删除的文件,然后选中上方菜单栏中的 Edit→Delete 菜单命令;或者右键点击文件图标,然后在弹出的快捷菜单中左键点击 Delete 命令;或者直接使用键盘上的 Delete 键,弹出如图 3.46 所示的删除确认对话框,单击"Yes"按钮即可完成对文件的删除操作,这时被删除的文件被放入回收站,用户可到回收站进行文件的恢复。

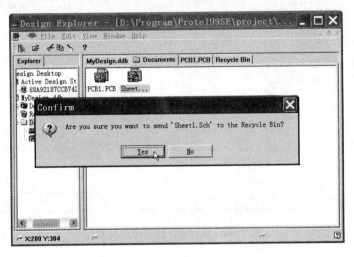

图 3.46   删除确认对话框

3.9.2   文档的导入和导出

有些时候,特别是在设计比较复杂的电子电路时,用户需要对文件进行导入和导出。导入即将某个文件复制到另外一个文件或文件夹中,导出即相反。

导入操作比较简单,先打开被导入的文件或文件夹,即文件导入的目的地,单击菜单栏中的 File→Import 命令,或如图 3.47 所示,直接单击鼠标右键,选择其中的"Import"命令,跳出如图 3.48 所示的对话框,找到需要导入的文件,然后单击"打开"按钮完成导入。

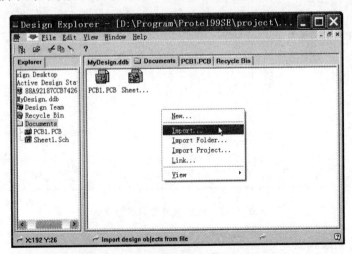

图 3.47   通过快捷菜单实现文件的导入

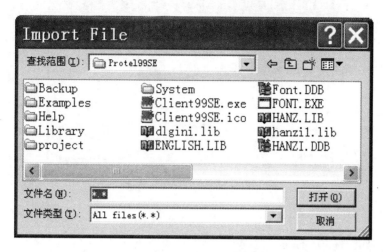

图 3.48　文件导入对话框

　　与导入操作类似，文档的导出也比较简单，首先在 Documents 中选中需要导出的文件，然后点击菜单栏中的"File"→"Export"命令，或如图 3.49 所示直接单击鼠标右键并选中 Export，得到如图 3.50 所示的文件导出对话框，选择文件导出后的目的地，并在文件名空白框中为导出后的文件重新命名，选择适当的保存类型，最后单击"保存"按钮即可实现文件的导出操作。

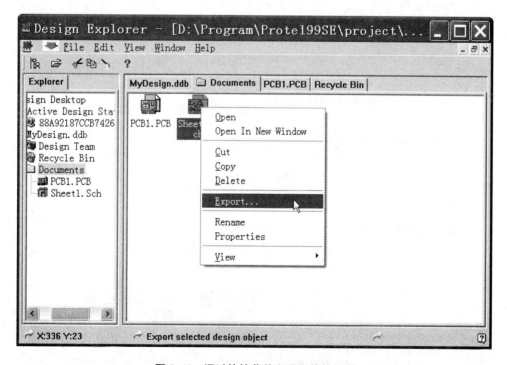

图 3.49　通过快捷菜单实现文件的导出

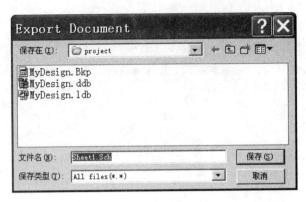

图 3.50　文件导出对话框

3.10　原理图参数的设置

在前面我们已介绍过了如何建立一个新的原理图设计文件。打开原理图设计文件,我们可以发现它由以下几个部分组成(如图 3.51 所示):1 是标题栏,2 是主菜单栏,3 是主工具栏,4 是文件标签栏,5 是设计管理器,6 是布线工具栏,7 是绘图工具栏,8 是电源及接地工具栏,9 是常用元器件工具栏、10 是状态栏以及位于系统界面右半部分的工作区,其中 6、7、8、9 这四个工具栏是可以通过 Edit→Toolbars 命令进行打开和关闭,而用户主要在工作区的图纸界面内进行原理图的设计和绘制。

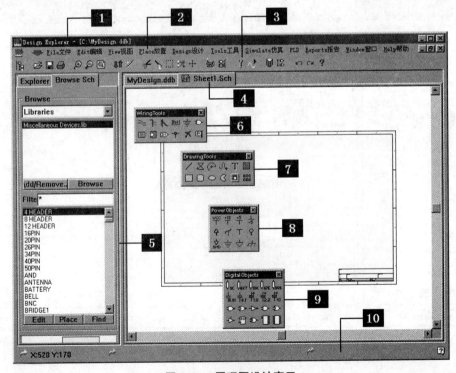

图 3.51　原理图设计窗口

在第一次打开新建的原理图文件时,工作区中的图纸代号为 B 号,这是系统默认的图纸大小。有时候我们需要根据所绘制的电路结构的复杂程度来对原理图纸的大小进行设置。

执行菜单栏中的 Design→Options 命令可以打开如图 3.52 所示的对话框,在"Sheet Options"标签页中设置图纸的尺寸大小和显示格式。

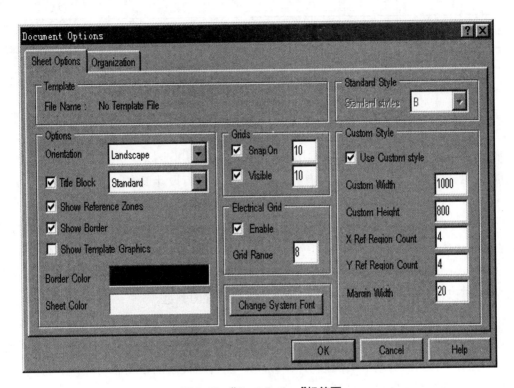

图 3.52 "Sheet Options"标签页

"Orientation"主要用于设置图纸的显示方向,通过选择"Landscape"或"Portrait"选项可以使图纸显示为横向或纵向显示。通过"Title Block"的下拉框,用户可以直接选择 Protel 99 SE 所提供的两种标题栏,即"Standard"形式和"ANSI"形式,如图 3.53 所示。

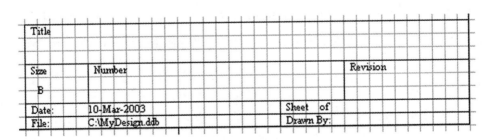

(a) Standard形式标题栏

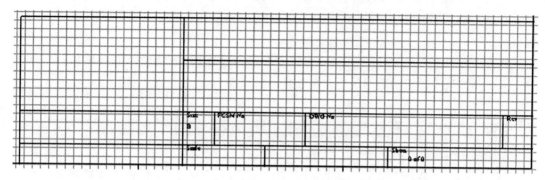

(b) ANSI形式的标题栏

图 3.53　标题栏的类型

"Show Reference Zones"复选框用于设置边框中的参考坐标,一般情况下建议用户选中该选项,这样图纸会显示参考坐标,有利于用户更好地进行设计工作。

选中"Show Border"复选框,则图纸会显示图纸边框,否则不显示。

"Show Template Graphics"复选框主要在自定义图纸的情况下需被选中,否则用户设置在样板内的图形、文字及专用字串等诸如自定义的标题区块和公司商标等均不能显示。

"Border Color"和"Sheet Color"分别用于图纸边框和图纸底色的设置,点击右边的颜色框,用户可以在弹出的选择颜色对话框中选择需要设置的颜色。

Grids 操作框主要用于对网格可见性的设置,其中"Snap On"用于设置光标的移动间距,如图 3.52 中所示,选中该复选框表示光标以 0.1 in 为基本单位跳移,不选此项,则光标移动时以 1 个像素点为基本单位移动;"Visible"复选框代表网格是否可见,同时其右边的设置框用于设置图纸网格的间距。

"Custom Style"栏中的各个选项主要用于自定义图纸尺寸。选中"Use Custom"复选框以激活自定义图纸功能,"Custom Width"用于设置图纸的宽度,"Custom Height"用于设置图纸的高度,"X Ref Region Count"和"Y Ref Region Count"分别用于设置 X 轴框和 Y 轴框参考坐标的刻度数,"Margin Width"用于设置图纸边框的宽度大小。

更改系统字体可通过单击"Change System Fort"按钮来实现,点击该按钮后会出现如图 3.54所示的对话框。用户可根据自己的需要对系统字体进行设置,然后点击"确定"按钮完成设置。

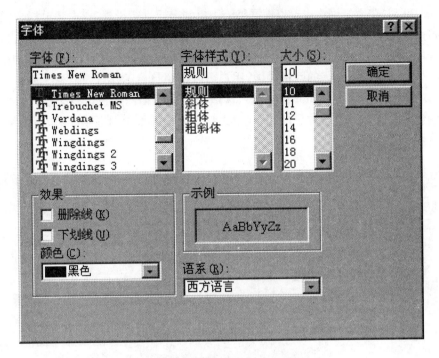

图 3.54 设置系统字体对话框

有时用户设计的电路较为复杂，一张完整的电路结构可能由多个控制电路部分组成，这时我们就需要在设计、绘制电路原理图前先建立一个文档组织。单击图 3.55 上方的"Organization"标签页，进入设置文档组织对话框。在该选项卡中，可以分别填写设计单位名称和地址、该设计图的图纸编号以及整个设计任务的原理图图纸总数，"Document"区域用于填写当前设计文件的标题名、版本号以及日期。

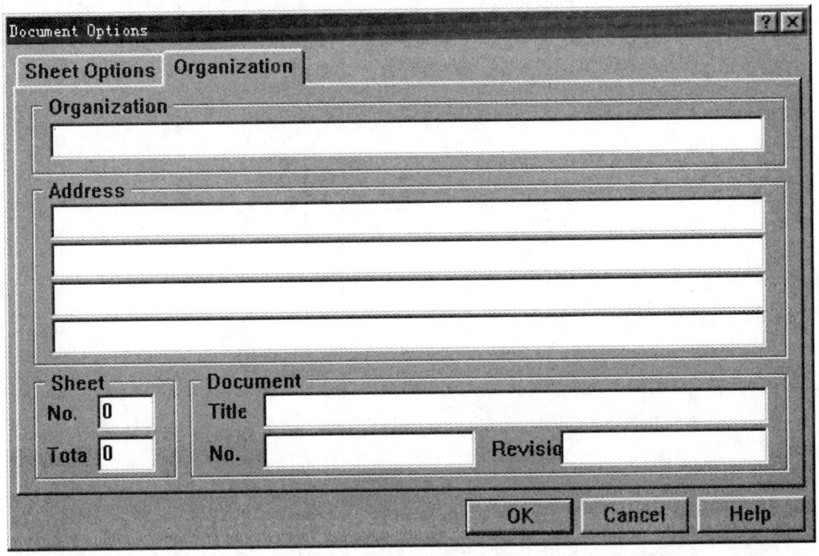

图 3.55 "Organization"标签页

Protel 99 SE 中图纸网格也可以根据每个用户的需要进行设置,点击菜单栏中的"Tools→Preferences"命令,在弹出如图 3.56 所示的"Preferences"(参数)对话框中,点击进行设置。在第二个标签页"Graphical Editing"选项卡中,在" Cursor/Grid Options"区域中的"Visible Grid"选项中,可以选择所需的网格种类,用户可以按照自己的喜好,把网格显示成线状或点状形式,如图 3.57 所示。"Color Options"区域用于对网格的颜色进行设置,具体操作与设置图纸颜色操作类似。值得注意的是,建议用户不要选择太深的网格颜色,否则可能会干扰后面的绘图工作。

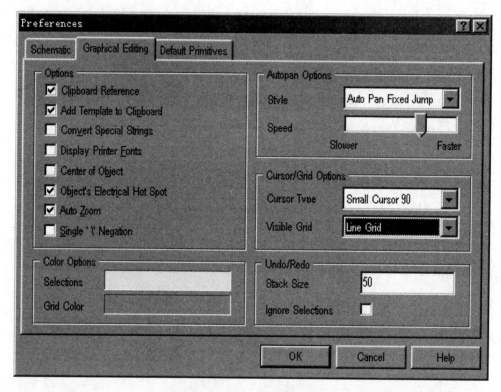

图 3.56 Preferences 对话框

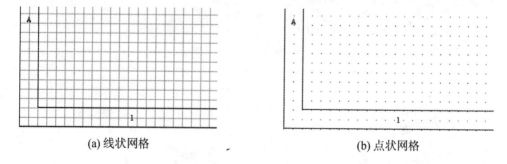

(a) 线状网格   (b) 点状网格

图 3.57 网格类型

在设计过程中,有时鼠标会变为光标的形式。在图 3.56 中的"Cursor/Grid Options"操作框的"Cursor Type"项的下拉框中,用户可以选择自己喜欢的光标类型,如图 3.58 所示,系统共有"Large Cursor 90""Small Cursor 90"和"Small Cursor 45"三种光标类型。

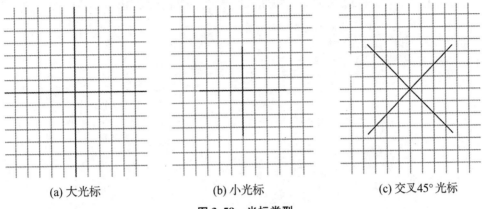

(a) 大光标   (b) 小光标   (c) 交叉45°光标

图 3.58　光标类型

3.11　元件库的操作

在原理图设计文件打开的情况下,单击设计管理器顶部的"Browse Sch"标签,进入如图 3.59 所示的原理图管理浏览器窗口。

图 3.59　原理图管理浏览器窗口

单击图 3.59 中的"Add/Remove"按钮,在弹出的如图 3.60 的对话框中,选中相应的元件库,然后通过单击"Add"或"Remove"按钮来完成添加或删除操作。

图 3.60 添加/删除元件对话框

3.12   原理图元件的操作

3.12.1   元件的添加和删除

点击图 3.59 中的"Browse"选项的下拉按钮,在弹出的下拉菜单中选中"Libraries"项,然后单击列表框中的滚动条,找出元件所在的元件库文件名,单击鼠标左键选中所需的元件库;再在该文件库中选中所需的元件。

Protel 99 SE 总共有以下 4 种方式来放置元件:通过菜单栏"Place→Part"命令;通过右键打开的快捷菜单上点击"Place→Part"命令;通过电路绘制工具栏上的相应按钮;通过热键"P→P"来放置元件。执行以上操作后会弹出如图 3.61 所示的对话框,输入所需元件的相关特征属性,或通过"Browse"按钮搜寻选择,

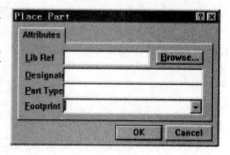

图 3.61   放置元件对话框

然后点击"OK"按钮,相应的元件就会附在光标处,随着光标的移动而移动,这时将光标移至适当的位置并单击左键,元件即会被放置在该处。

元件的删除操作比元件的放置略微简单,系统为用户提供了三种方式进行元件的删除:第一种方法是选择菜单栏"Edit→Delete"命令,此时在鼠标变为十字形状后移至并单击需删除的元件;第二种方法是先选中需删除的元件,然后执行菜单栏中的"Edit→Clear"命令;最后一种方法较为简单,先选中需删除的元件,然后直接按"Delete"键。

3.12.2　元件的移动

在放置元件后有多种方式对元件进行移动,最简单的是鼠标左键直接点中元件,长按左键并拖至所需的位置,然后松开左键,另外两种方式同上面删除元件的两种方法类似,分别通过执行"Edit→Move→Move"和"Edit→Move→Move Selection"命令来移动元件。

3.12.3　元件方向的调整

为了设计图形的简单和美观,在放置元件前或点中元件后可按键盘上的"Space"键(空格键)或"X"及"Y"键来调整元件的方向。

"Space"键用于使元件90°逆时针方向旋转;"X"键用于使元件左右对调;"Y"键用于使元件上下对调。

3.12.4　元件属性的设置

直接用鼠标左键双击某个元件或者执行菜单栏的"Edit→Change"命令,并单击所要编辑的元件,弹出的元件属性对话框有4个标签页,分别为属性(Attributes)、图形属性(Graphical Attrs)、部件域(Part Fields)和只读域(Read-Only Fields)。其中,属性(Attributes)标签页中的设置较为常用,如图3.62中所示,在该页面中,"Lib Ref"用于为元件命名,"Footprint"用于选择封装形式,值得注意的是,该处的名称必须和PCB封装的名称一致,"Designator"用于在调用多个相同元件时为了区分而输入的流水序号,"Part Type"显示的是绘图页中的元件名称,"Sheet Path"用于定义下层绘图页的路径,"Part"用于定义子元件序号,"Selection"用于切换选取状态,"Hidden Pins"用于选择是否显示元件的隐藏引脚,而"Hidden Fields"则用于选择是否显示"Part Fields 1-8"和"Part Fields 9-16"等选项的元件数据。

用鼠标左键双击元件的流水序号,即会弹出对应的属性对话框,如图3.63所示,在各自对应的属性对话框中也可对元件属性进行设置。

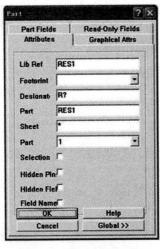

图3.62　元件属性对话框

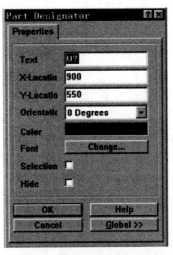

图3.63　流水序号属性对话框

3.13　导线的操作

相对于执行菜单栏中的"Place→Wire"命令和通过热键"P→W",用户可以选择更简单的方式,即通过布线工具栏中的导线按钮来放置导线。

单击导线按钮,此时鼠标会变为十字形状,左键单击某一处作为导线的起始点,然后移至终点处再次单击左键,就完成了一条导线的绘制。此时光标仍处于放置导线的状态,并且系统会自动以上一条导线的终点作为新导线的起点,若想退出这种状态可以通过单击鼠标右键或按键盘上的"Esc"键来退出,这时光标并未退出放置导线的状态,只是可以重新设置新的起点,从而绘制不相连的导线。如果要终止导线的绘制,则可以连续单击鼠标右键两次或按两次"Esc"键。

同元件一样,导线也是可以移动的,而且根据鼠标点击的位置不同,导线可分为整体移动和单边移动两种方式。选中某条导线后,此时导线两端的节点变为两个灰色小方块,用鼠标点击某一端的方块,即可使导线实现单边移动;用鼠标单击导线的非端点部位同时按住拖动,此时导线是整体移动的。导线的其他一些操作诸如复制、删除等是和元件的相应操作一致的。

导线的属性同样也可以设置。双击已绘制完成的某一条导线,或选中某条导线后按"Tab"键,即可对导线的各个参数进行设置。在图 3.64 的导线属性对话框中"Wire"用于选择线宽,它的下拉菜单中有 Smallest、Small、Medium 和 Large 四个选项;"Color"用于设置导线的颜色;"Selection"用于选择以上设置是否被系统采用。

图 3.64　导线属性对话框

3.14　各元件符号的使用

3.14.1　电路节点的使用

如果系统并没有设置成自动添加节点,那么在绘制导线的过程中,有时两条导线是相交的,为了节约操作,用户可以先绘制两根无节点的导线,然后通过放置电路节点使两者相连接。

和绘制导线一样,电路节点的放置也有三种方法,即通过菜单栏"Place→Junction"命令、通过热键"P→J"或者通过绘图工具栏上的相应按钮,具体操作也和绘制导线操作相似,这里不再重复。

有时双击某个节点会跳出多个对象列表,如图 3.65 所示,这是因为在同一个位置生成了多个电路节点,通过鼠标点击对象列表中的某行标注即可选中相应的电路节点。

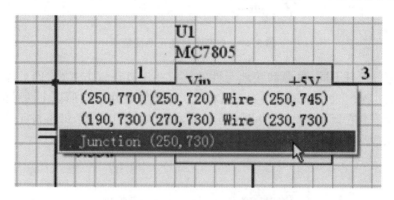

图 3.65 多个电路节点的重叠选择

选中某个节点后,双击该节点或按 Tab 键即可对节点的参数进行设置。

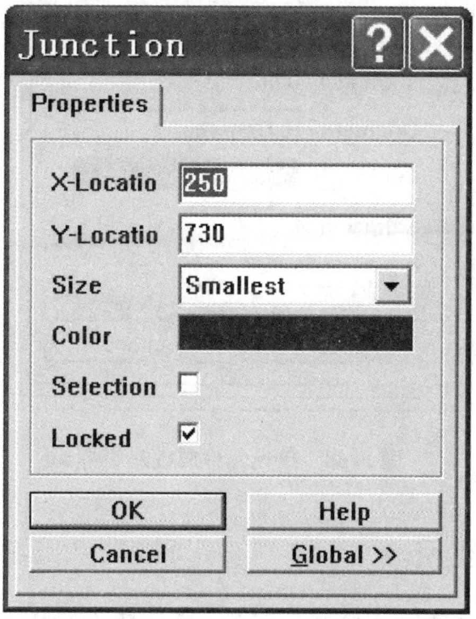

图 3.66 电路节点参数的设置

3.14.2 电源及接地符号的使用

Protel 99 SE 软件为用户提供了多种电源和接地类型,具体如图 3.67 所示。

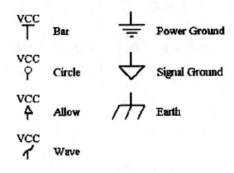

图 3.67　电源及接地元件类型

　　与以上电气元件不同,电源和接地元件的放置并没有热键方式,它们只能通过菜单栏"Place→Power Port"命令或通过绘制工具栏上的按钮来调用。按照以上两种的操作,电源或接地元件会附着在鼠标光标处,并随着光标移动,此时按 Tab 键,即可对元件属性进行修改,其中"Style"项用于选择电源的类型。如图 3.68 所示。

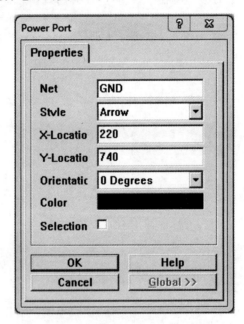

图 3.68　接地元件属性对话框

3.14.3　网络标号的使用

　　除了通过导线将各个元器件连接起来之外,在一些电路中,特别是一些复杂的电路图中,用户会通过网络标号来实现各元件的电气连接以此来使电路图显得简洁、清晰。

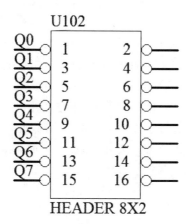

图 3.69　放置网络标号的元件

在某些元件的引脚处并不存在导线连接,取而代之的是一段有红色标号的引出线段,具有相同标号的元件引脚等同于通过导线相连在一起,这就是网络标号。网络标号不仅可以使同一张电路图中的元件连接在一起,还可以使不同原理图文件中的元件形成电气连接,而这是导线无法实现的。如图 3.69 所示。

网络标号的使用可直接通过绘图工具栏中的相应按钮来实现,双击某个网络标号,即可对该网络标号的属性进行设置,如图 3.70 所示。

图 3.70　网络标号属性对话框

3.14.4　总线的绘制

除了前面介绍的网络标号,还有另一种方式同样也可以简化图形,那就是总线。

总线比一般的导线要粗,主要用于简化多条并行的导线,它本身不具备电气性质,而是通过与总线相连接的总线分支线上的网络名称来实现电气连接,即图 3.71 中的红色标号部分。

绘图工具栏上同样有用于绘制总线的按钮,除此之外,也可以通过菜单栏"Place→Bus"命令来调出总线。它的绘制方法与导线的绘制完全相同,此处不再重复。

总线与元件引脚相连接的部分为总线分支线,它可通过绘图工具栏上的相应按钮或执行菜单栏上的"Place→Bus Entry"命令来调用绘制。

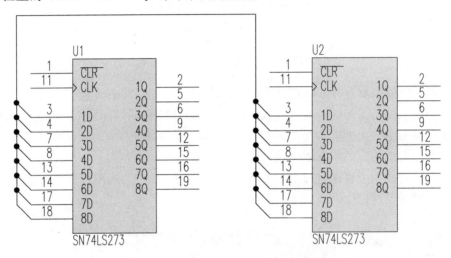

图 3.71　通过总线进行连接的两个元件

3.14.5　输入/输出端口的放置

在有些原理图的设计过程中需放置输入、输出端口。调用输入、输出端口比较简单,执行菜单栏"Place→Port"命令或直接通过绘图菜单栏中的输入/输出端口进行调用。调出元件后按 Tab 键即弹出如图 3.72 所示的输入/输出端口属性对话框。

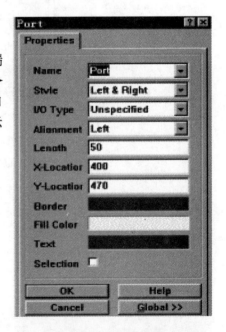

图 3.72　输入/输出端口属性对话框

3.15 原理图元件的制作及 PCB 封装

3.15.1 原理图元件的制作

（1）元件库文件的创建

同绘制电路原理图一样，创建新元件也有相应的文件，即元件库文件。

点击菜单栏中的"File→New"命令，或直接点击系统左上角的"New"图标，在弹出的对话框中选中元件库文件图标，如图 3.73 所示，单击"OK"按钮即可在设计管理器中创建了一个新的元件库文件，此时单击文件名即可对新建文件重新命名。

图 3.73 新建文件对话框

双击新建的元件库文件，进入如图 3.74 所示的元件库编辑界面。它主要由以下几部分组成：1 是元件管理器，2 是绘图工具栏，3 是 IEEE 工具栏以及占据大块版面的编辑区（工作区）。与原理图文件不同的是，元件库文件的编辑区被十字坐标轴分为四个象限，象限的定义与数学上的定义相同。习惯上我们一般在第四象限创建新绘制新元件，这一点在下一节的例子中就可以发现。

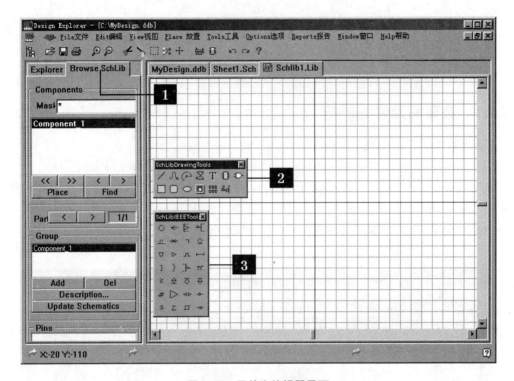

图 3.74　元件库编辑器界面

（2）新元件的绘制

下面我们以绘制如图 3.75 所示的元件来介绍创建新元件的具体过程。

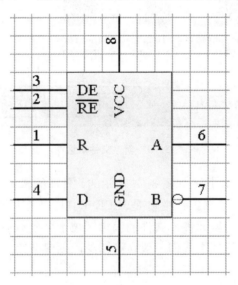

图 3.75　创建的新元件

在已进入元件库编辑器界面的前提下，我们首先需将编辑区放大并主要显示在第四象限，这可以通过点击菜单栏"View→Zoom In"命令或按"Page Up"键进行放大移动。

以十字坐标轴的交点为元件基准点，执行菜单栏"Place→Rectangle"命令或通过绘图工具栏上的矩形按钮绘制一个直角矩形,绘成的直角矩形的大小为 6 格× 8 格,如图 3.76 所示。

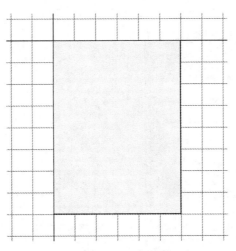

图 3.76 绘制矩形

接下来是在矩形的相应位置绘制元件的引脚。执行菜单栏"Place→Pins"命令,同样也可以通过点击绘图工具栏的引脚按钮,此时鼠标处会出现一个大十字符号以及一条短线,按"Space"键(空格键)调整引脚的方向,然后放置在矩形的相应位置,完成 8 根引脚的放置工作,此时如图 3.77 所示。

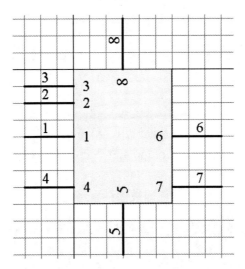

图 3.77 放置了引脚的图形

为了绘成如图 3.75 所示的元件,我们需在图 3.77 的基础上对各引脚参数重新进行设置。调出如图 3.78 所示的对话框有两种方式:一种是直接双击所需要编辑的引脚;另一种就是先点中引脚,通过鼠标右键点击引脚,在随之出现的快捷菜单中选取"Properties"命令项就会进入如图 3.78 所示的引脚属性对话框。

在引脚 1 中的对话框中将"Name"修改为 R;引脚 2 的"Name"修改为 R\E\;其余引脚

的属性对话框中的"Name"项均按照图 3.78 所示进行一一修改,其中引脚 7 上带有非信号(即端口有效圆圈),所以与其他引脚不同的是在引脚 7 的属性对话框中需选中"Dot"复选框,完成后即可得到如图 3.79 的元件图,该图与要求绘制的图 3.75 完全一致了。

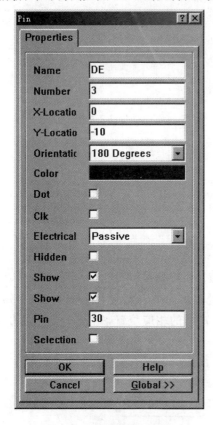

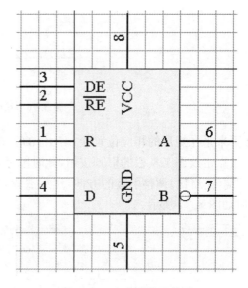

图 3.78　引脚属性对话框　　　　　　图 3.79　完成后的元件图

(3) 元件的命名和保存

元件绘制完成后需要保存才能被系统调用。单击菜单栏"Tools→Rename Component"命令,再打开如图 3.80 所示的"New Component Name"对话框中,填写新元件的名称,单击"OK"按钮即完成了对元件的命名。

执行菜单栏"File→Save"命令,元件即被保存到当前元件库文件中。

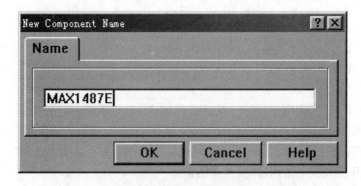

图 3.80　修改元件名称对话框

元件被保存后,我们可以在元件库管理器中看到该元件名,如图 3.81 所示,此时说明元件添加成功。

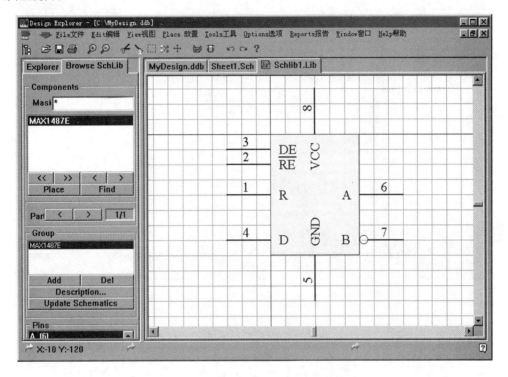

图 3.81 添加了新元件的元件库管理器

用户在设计原理图时如果需要调用该元件,需先将元件所在的库文件装载到元件库中,然后再通过元件库调用该元件。

如何在已有的元件库中加入新元件呢? 在元件库编辑器中选中已有的元件库文件,然后点击菜单栏"Tools→New Component"命令,就会再次进入图 3.74 所示的元件编辑界面,此时按照上述步骤完成新元件的创建。

3.15.2 PCB 元件的封装

前一部分我们介绍过了如何在原理图文件中创建一个新元件。对于这些元件,PCB 库中不存在对应的封装元件,所以我们需在 PCB 文件中对这些新元件进行封装,这样才可生成对应原理图电路的 PCB 板图。

(1) 新建 PCB 库文件

首先,我们需新建一个 PCB 库文件。在如图 3.82 所示的设计数据库窗口执行菜单栏中的"File→New"命令,打开新建文件对话框,如图 3.83 所示。

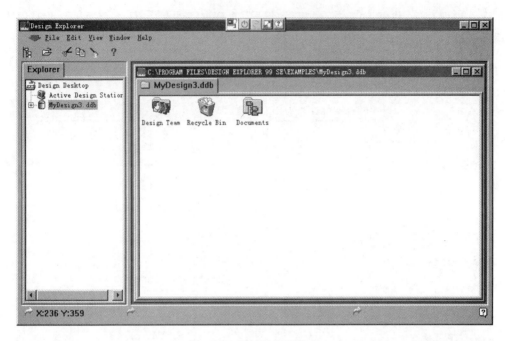

图 3.82　设计数据库窗口

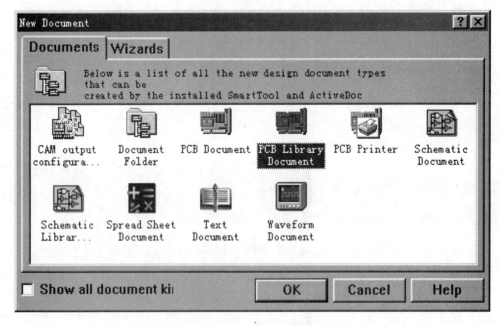

图 3.83　新建文件对话框

　　在弹出如图 3.83 所示的对话框中选中"PCB Library Document"，即 PCB 库文件图标，然后单击对话框右下角的"OK"按钮，就可创建一个 PCB 库文件。

　　打开新建的 PCB 库文件，进入如图 3.84 所示的 PCB 库文件的主界面。

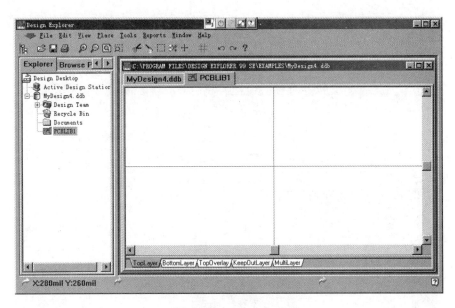

图 3.84　PCB 库文件主界面

点击界面左侧的设计管理器窗口的"Browse PCBLib"按钮,弹出元件封装的编辑界面,如图 3.85 所示。

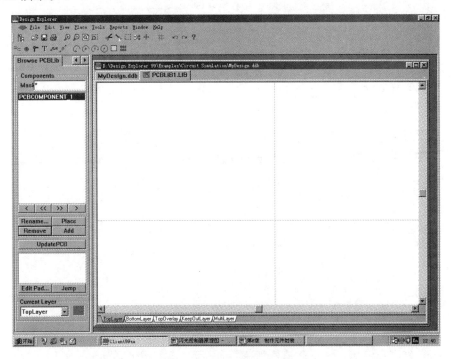

图 3.85　元件封装编辑界面

(2) 环境参数的设置

同前面 PCB 设计一样,在进行具体的设计前,我们先要对系统参数和一些基本参数进行设置。

系统参数的设置对话框通过"Tools→Preferences"命令打开,如图 3.86 所示,该对话框共有 Options、Display、Colors、Show/Hide、Defaults 和 Signal Integrity 6 个标签页,一般只设定 Options 标签页的各项参数即可。

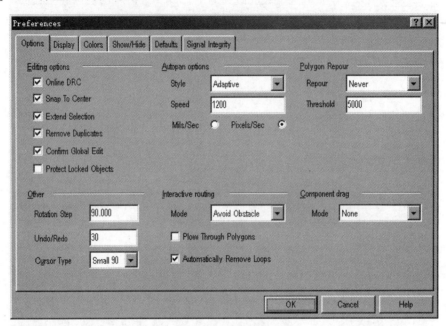

图 3.86　Preferences 设置对话框

通过执行菜单栏"Tools→Library Options"命令,打开工作层面参数设置对话框,在如图 3.87 所示的对话框中,"Layers"标签页用于设置元件封装的层参数,"Options"标签页用于设置格点及计量单位等参数,设置完成后单击"OK"按钮。

图 3.87　工作层参数设置对话框

（3）PCB元件的封装

Protel 99 SE软件为用户提供了两种方式进行PCB元件封装：一种是通过手动创建元件封装，另一种是通过向导创建元件封装。下面我们就通过一个具体实例来分别介绍这两种方法的操作过程。

① 通过手动创建元件封装

通过菜单栏命令或直接利用绘图工具栏上的工具，用户可以按照元件的式样和尺寸绘制出该元件的封装。下面以创建如图3.88所示的元件封装为例，对手动创建该元件封装的过程进行讲解。

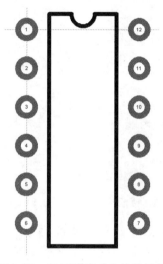

图3.88　12引脚集成芯片的封装

在Toplayer层上，首先执行菜单栏"Place→Pad"命令，或直接点击绘图工具栏中的焊盘按钮，将鼠标移至相应位置，单击鼠标左键，依次放置12个焊盘，如图3.89所示，单击鼠标右键，结束焊盘的放置。

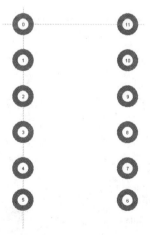

图3.89　焊盘的放置

双击其中一个焊盘，弹出如图3.90所示的对话框，在该对话框中，"X-Size"和"Y-Size"项用于分别设置焊盘的横向尺寸和纵向尺寸，"Shape"用于设置焊盘的外形，"Designator"用于修改焊盘中央的序号，"Layer"用于设置元件封装所在的层面，"X-Location"和

"Y-Location"则用于显示焊盘所在的坐标位置。对照图 3.88 中的元件封装,对每个焊盘的属性参数依次进行修改,得到如图 3.91 所示的图形。

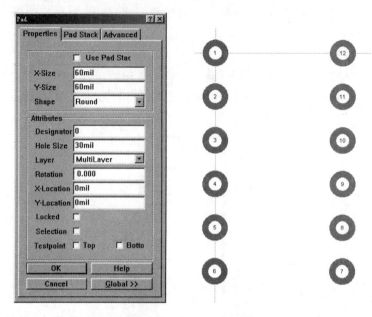

图 3.90　焊盘属性对话框　　　　　图 3.91　属性修改后的焊盘

焊盘设置完成后,将工作层切换到 Top Overlay 层,点击菜单栏"Place→Track"命令,或通过绘图工具栏中的相应按钮,开始绘制元件封装的外形边框。在鼠标变成十字形后,在适当位置单击鼠标左键绘出边框的起点,按照前面所介绍的导线的绘制方法,将元件的外形边框绘制成如图 3.92 所示。

同前面所要求的图 3.88 相比,在图 3.92 中的元件封装外形边框顶部还需绘制一个半圆形半圆弧。半圆弧的绘制可通过单击菜单栏"Place /Arc(Center)"命令开始绘制,先通过鼠标单击某处,然后移动鼠标会发现鼠标处存在一个以该处为圆心,半径随鼠标移动而改变的圆形图案,此时先将鼠标移至边框的左侧起点位置并单击鼠标左键,再将鼠标移至边框的右侧终点处并单击,从而将元件封装顶部的半圆弧绘制完成,得到如图 3.88 所示的元件封装外形图。

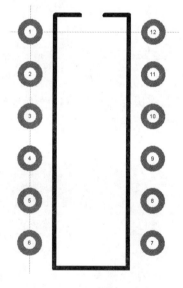

图 3.92　元件封装的外形边框

完成元件封装图后还需对所绘元件进行重命名。单击设计管理器中的"Rename"按钮,在弹出的如图 3.93 所示的对话框中输入该元件封装的新名称,然后单击对话框中的"OK"按钮即可。此时,在元件封装管理器中的元件名称会变为用户新定义的名称。

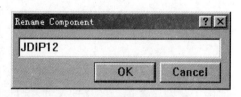

图 3.93　元件封装重命名对话框

144

最后将重新命名后的元件封装保存。

在 PCB 设计文件中,为了便于对元件封装的操作和报表文件的生成,每个元件封装都有一个参考点,因此这里我们还需对新建的 PCB 元件封装设定参考点。单击菜单栏中的"Edit→Set Reference"命令,在弹出如图 3.94 所示的下拉菜单中,单击"Pin1"代表设置引脚 1 为元件的参考点,单击"Center"代表设置元件的几何中心为元件的参考点,单击"Location"则表示用户可选择任意一个位置作为元件的参考点,若选择该项用户还需在工作区中单击某处以确定参考点。一般情况下,大多数元件封装均是以引脚 1 为它们的参考点的。

② 通过向导创建元件封装

下面我们再来介绍下如何利用软件提供的向导创建如前面图 3.88 所示的元件封装。

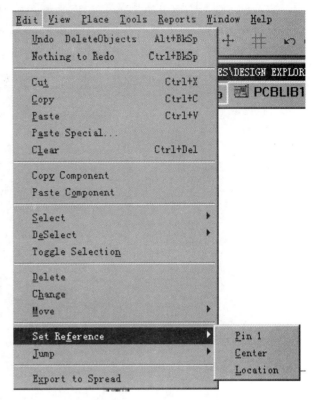

图 3.94　元件封装参考点的设定

首先点击系统上方菜单栏中的"Tools→New Component"命令,弹出如图 3.95 所示的对话框,此时即进入了元件封装的创建向导。

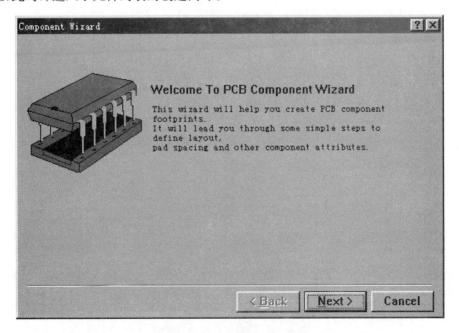

图 3.95　元件封装向导对话框

点击创建向导右下方的"Next"按钮,在弹出的对话框中通过右侧的下拉条选择用户需要的元件封装样式,在本例中我们选择如图 3.96 所示的元件封装样式。对话框右下方的下拉框中有"Metric(mm)"和"Imperial(mil)"两项,用于对元件封装的度量单位进行选择。

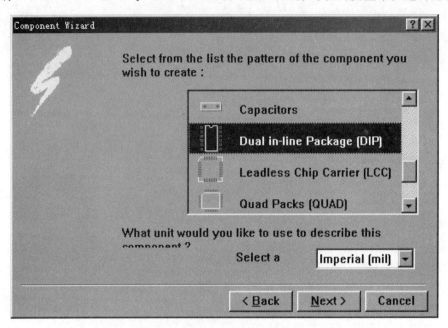

图 3.96 选择元件封装样式对话框

选择好所需创建元件封装的类型后,点击图 3.96 中的"Next"按钮,进入下一个对话框,如图 3.97 所示。该对话框用于设置焊盘的尺寸大小,在图中需要修改的尺寸数据上,用鼠标单击并拖动选中该数据,待数据变为蓝色即可通过键盘输入用户所需的尺寸大小。

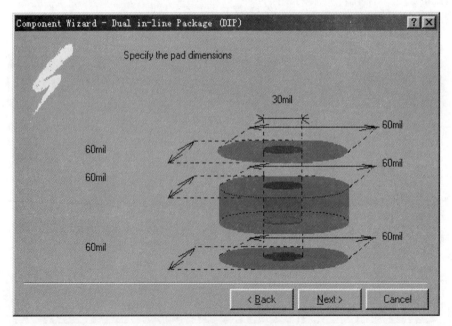

图 3.97 设置焊盘尺寸对话框

　　单击图 3.97 中的"Next"按钮,弹出新的对话框,如图 3.98 所示。该对话框用于对引脚间的横向间距、纵向间距进行设置,数据大小的更改方法同前面焊盘尺寸大小的设置方法一致。

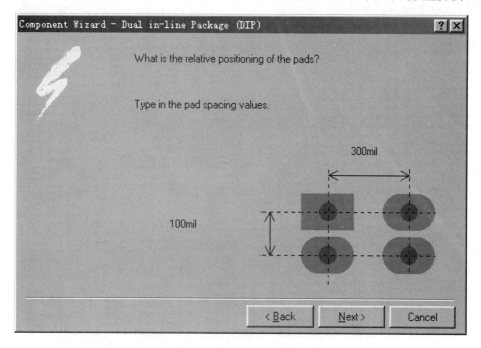

图 3.98　设置引脚间间距对话框

　　继续单击"Next"按钮,即会进入设置元件轮廓线宽的对话框,如图 3.99 所示,设置方法同前面一样。

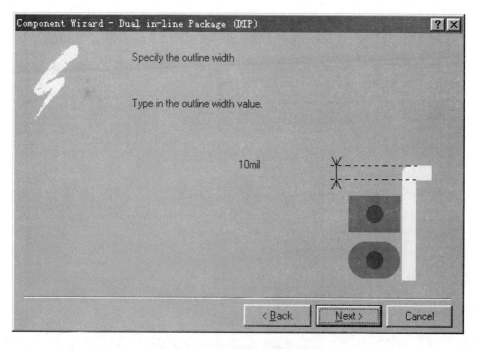

图 3.99　设置元件轮廓线宽对话框

147

设置好轮廓线宽后点击"Next"按钮,进入如图 3.100 所示的对话框,在该对话框中,通过鼠标点击上、下两个按钮可以对元件的引脚数量进行设置,当然也可在对话框中直接填写,填写框下方会显示设置了引脚数的元件外形。在本例中,我们需要输入元件封装的引脚数为 12。

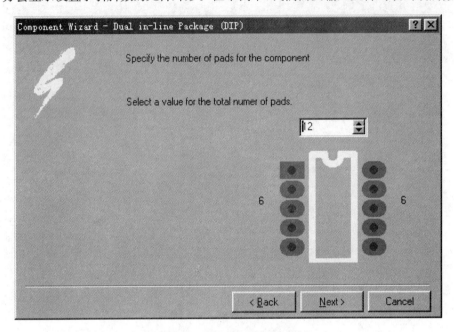

图 3.100　设置元件引脚数对话框

继续单击"Next"按钮,进入设置元件封装名称的对话框,如图 3.101 所示,在空白框内输入该元件封装的名称后,单击"Next"按钮,完成元件的命名,同时系统会弹出如图 3.102 所示的完成对话框。

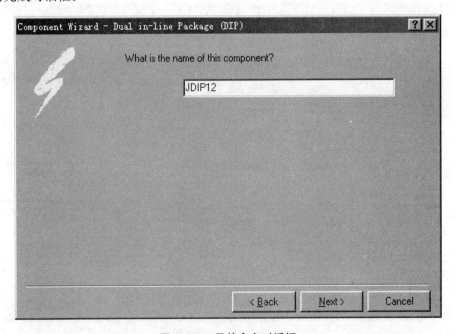

图 3.101　元件命名对话框

　　点击图 3.102 对话框右下方的"Finish"按钮,利用向导完成了新元件封装的整个创建过程,同时在元件库文件中出现如图 3.103 所示的元件封装图形。

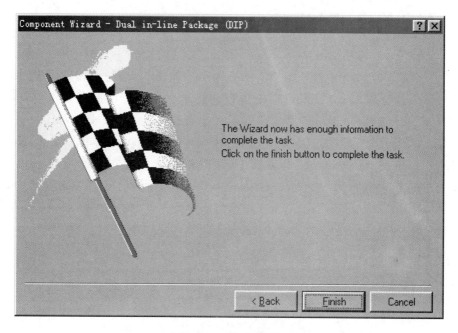

图 3.102　完成对话框

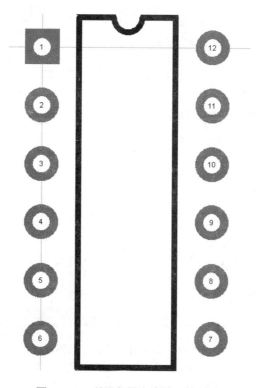

图 3.103　利用向导完成的元件封装

最后将新创建的元件封装保存，即完成了 PCB 元件封装的整个过程。

3.16 打印输出属性设置

执行菜单栏"File→Setup Printer"命令，在弹出的如图 3.104 所示的对话框中，"Select Printer"用于选择打印机，一般下拉框中会自动显示出与工作电脑所连的打印机型号，"Batch Type"用于选择需打印的文件，"Color"用于选择打印色彩模式，"Margins"用于设置页边距，"Scale"用于设置缩放比例，"Preview"用于预览打印效果，而单击"Refresh"则可随时刷新。在"Include on Printout"区域框中，选中相关项即会在打印后显示相关项，如"Error Markers"（错误标记）、"PCB Directives"（PCB 布线指示）和"No ERC Marker"（不显示 ERC 标记）等。"Vector Font Options"区域框中用于对"Inter-Character Spacing"（字符间距）以及"Character Width Scale"（字符宽度比例）进行设置。

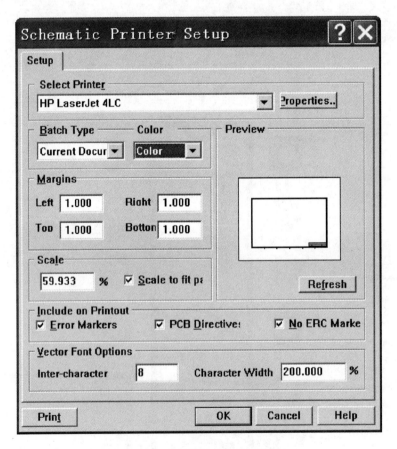

图 3.104 原理图打印输出对话框

第4章 Altium Designer 软件应用

4.1 Altium Designer Summer 09 软件

4.1.1 Altium Designer Summer 09 软件安装

Altium Designer Summer 09 软件主要应用于 Windows 操作系统,其安装步骤简单,只需要运行安装包中的"Setup. exe"应用程序,按照提示步骤进行操作即可。

(1)在安装包中找到"Setup. exe"文件,以管理员身份运行,弹出欢迎页面,如图 4.1 所示。

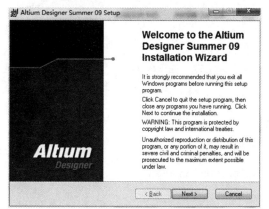

图 4.1 欢迎页面

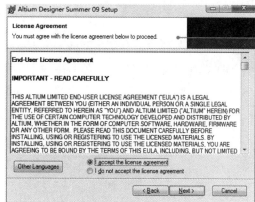

图 4.2 同意安装页面

(2)单击"Next",弹出是否同意协议,选择同意安装,即"I accept the license agreement",如图 4.2 所示。

(3)单击"Next",填写用户名和组织名,可自行填写,如图 4.3 所示。

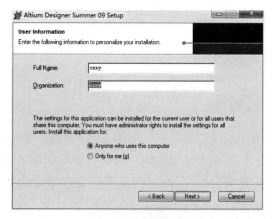

图 4.3 用户信息页面

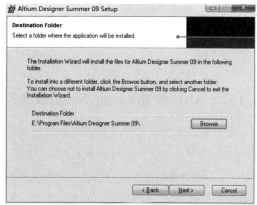

图 4.4 安装目录设置页面

(4) 单击"Next",选择软件的安装目录。系统的默认安装路径是"C：\Progtam Files\Altium Designer Summer 09",也可点击"Browse"按键对安装路径进行修改,如图4.4所示。注意,设计者必须记住安装路径,以备后续查找文件方便。

(5) 单击"Next",准备安装软件,如图4.5所示。

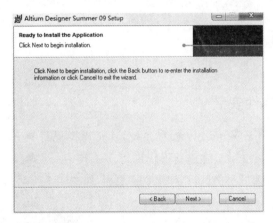 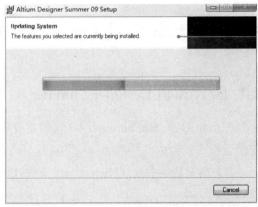

图 4.5　准备安装软件页面　　　　　　　　图 4.6　安装进度条

(6) 单击"Next",系统开始复制文件,由于文件量较大,安装时间会持续几分钟,如图4.6所示。当出现"Finish"页面时,单击"Finish"按钮完成安装,如图4.7所示。

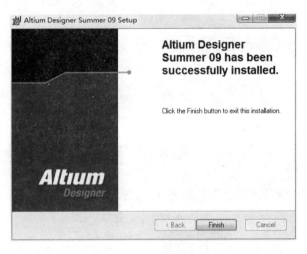

图 4.7　安装完成页面

4.1.2　Altium Designer Summer 09 软件激活

启动软件,进入软件系统界面,点击系统界面左上角 DXP-My Account 选项,进入 My Account 界面(一般首次打开软件时,My Account 界面已经在系统界面中打开),如图 4.8 所示(注:该图显示的是已激活成功的页面)。由界面显示可知,目前有几种方式可以获得 License,在此仅介绍添加 License 的方法,其余方法设计者们可以自行查找激活。

如果设计者已经有一个 License 文件,可以单击"Add Standalone License file",出现选

择 License 文件的对话框,如图 4.9 所示,选择已有的 License 文件(. alf),点击打开即可。

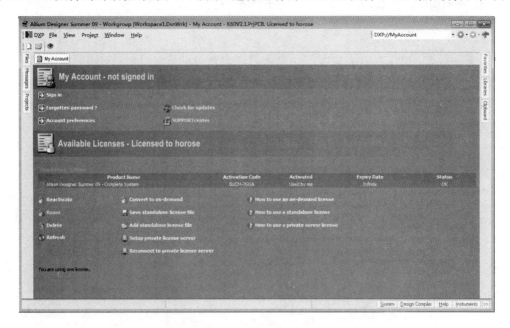

图 4.8　My Account 激活成功界面

图 4.9　License 文件选择

4.1.3　Altium Designer Summer 09 面板简介

（1）工作区面板

启动 Altium Designer Summer 09 软件，页面上弹出默认首页窗口，如图所 4.10 示。默认面板包含系统主菜单、系统工具栏、工作区面板、工作区、浏览器工具栏等。在此仅介绍工作区面板的相关知识，通常设计者常用的有 Projects 工程面板、Files 文件面板、Libraries 库文件面板。

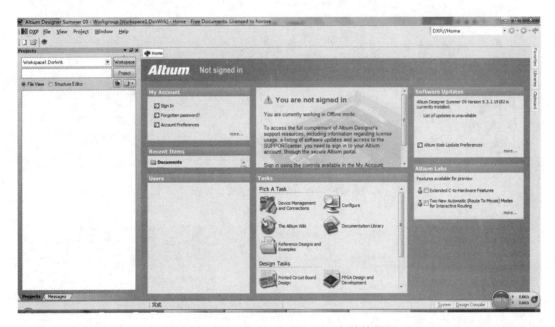

图 4.10　Altium Designer Summer 09 软件界面

工作区面板可以通过左下角的几个选项卡进行切换。Projects 面板中包含目前工程区域中所有的工程文件、工程子文件以及其他独立的已打开的设计文件，设计者可以迅速查找设计文件。Files 文件面板中（图 4.11），设计者可以打开工程文件或者单个设计文件，也可以新建工程文件、原理图文件、PCB 文件、库文件等。此外，也可以通过向导或模板新建上述文件。Libraries 库文件面板中（图 4.12），设计者可以浏览当前加载的所有元件库，也可以在原理图上放置元器件，同时也可以对元器件的封装、SPICE 模型和 SI 模型进行预览。

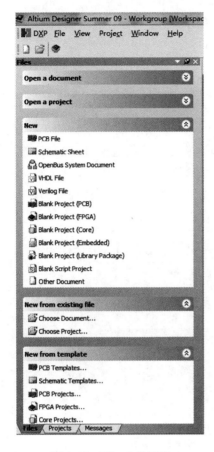

图 4.11 Files 文件面板

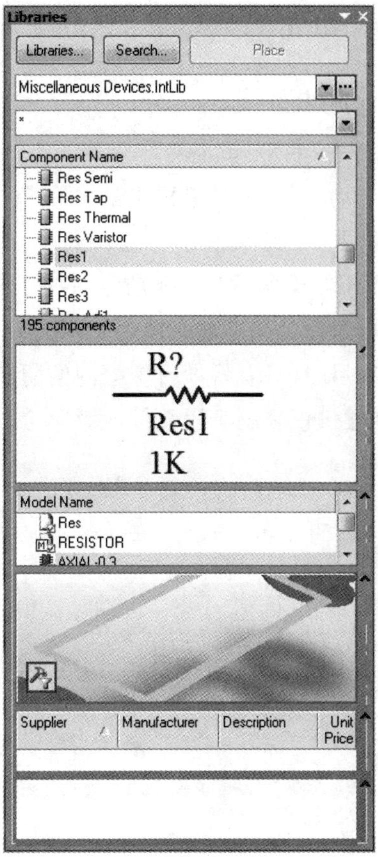

图 4.12 Libraries 库文件面板

（2）面板的隐藏和显示

有时由于设计者的操作不当而导致工作区面板"失踪"的现象，此时可以通过软件页面右下角的 System 菜单来恢复面板或者隐藏面板，如图 4.13 所示。单击"System"菜单，查找相应的面板名称，单击选择需要的面板（如 Projects），工作面板区即会立刻显示该面板。

（3）桌面恢复

有时由于设计文件过多导致设计者频繁操作软件或者由于设计者的误操作，页面内的布局有些凌乱，此时可以通过恢复显示默认的页面窗口来对布局进行恢复。单击菜单栏中的"View"（查看）选项，选择"Desktop Layouts"（桌面布局）→"Default"选项，即可恢复默认的页面布局。

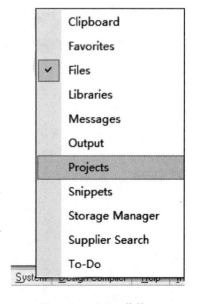

图 4.13 System 菜单

4.1.4　Altium Designer Summer 09 文件系统

1）新建文件

（1）工程文件

软件启动后，单击菜单栏中的"File"（文件）选项，选择"New"（新建）中的"Projects"（工程）→"PCB Projects"（PCB 工程），即可创建一个新的工程文件，其默认的工程名为"PCB_Project1. PrjPCB"，如图 4.14 所示。该工程文件仅仅是一个管理文件，在设计项目时，项目中所有的单个设计文件都必须在工程文件中建立，这样才能确保项目是一个整体。同时，当需要复制项目时，只有将项目工程内的所有文件全部复制，才能在其他地方顺利地进行项目操作，不能够仅仅复制工程文件或者单个设计文件。

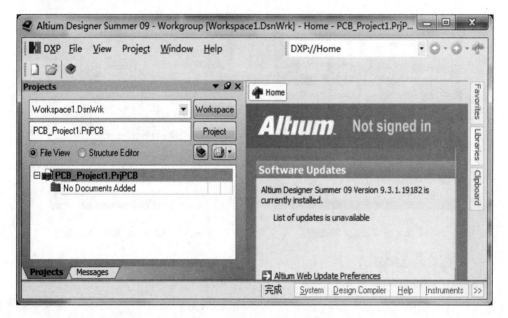

图 4.14　建立的工程文件界面

另外，还可以通过工作区面板的 Files 面板来新建工程文件。方法一：选择"Files"面板"New"选项中的"Blank Project（PCB）"来创建空白的工程文件。方法二：选择"Files"面板"New from template"选项中的"PCB Projects"来创建工程文件模板，该选项需要选择工程模板的类型，如图 4.15 所示。

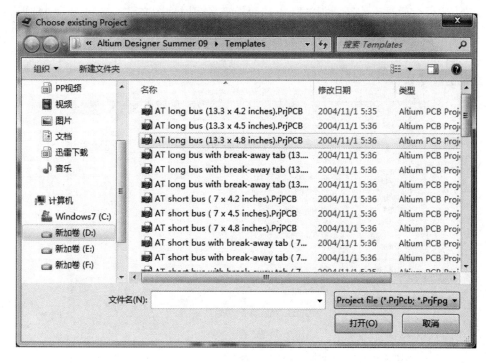

图 4.15 选择工程文件模板

（2）原理图文件

单击菜单栏中的"File"（文件）选项，选择"New"（新建）中的"Schematic"（原理图）选项，即可创建一个新的原理图文件，其默认名为"Sheet1. SchDoc"，如图 4.16 所示。

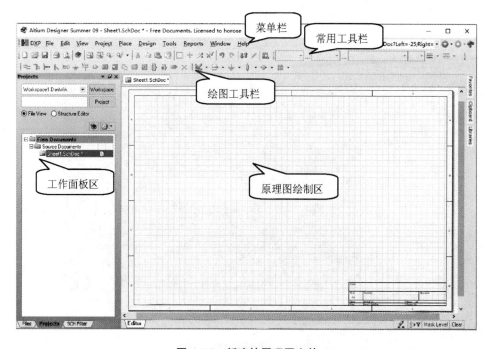

图 4.16 新建的原理图文件

　　另外，还可以通过工作区面板的"Files"面板来新建原理图文件。方法一：选择"Files"面板"New"选项中的"Schematic Sheet"来创建空白的原理图文件。方法二：选择"Files"面板"New from template"选项中的"Schematic Template"来创建原理图文件模板，该选项需要选择图纸的尺寸如图 4.17 所示。

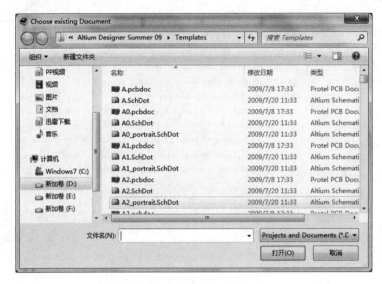

图 4.17　选择原理图文件模板

（3）PCB 文件

　　单击菜单栏中的"File"（文件）选项，选择"New"（新建）中的 PCB 选项，即可创建一个新的 PCB 文件，其默认名为"PCB1.PCBDoc"，如图 4.18 所示。

图 4.18　新建的 PCB 文件

另外,还可以通过工作区面板的"Files"面板来新建 PCB 文件。方法一:选择"Files"面板"New"选项中的"PCB File"来创建空白的 PCB 文件。方法二:选择"Files"面板"New from template"选项中的"PCB Template"来创建 PCB 文件模板,该选项同样需要选择图纸的尺寸。

2)保存文件

(1)工程文件保存

在 Projects 工程面板中,选择新建的工程文件,鼠标右击弹出菜单选项,选择"Save Project"(保存工程),系统弹出保存工程文件的对话框,如图 4.19 所示,对话框中可以修改文件名和存储位置。

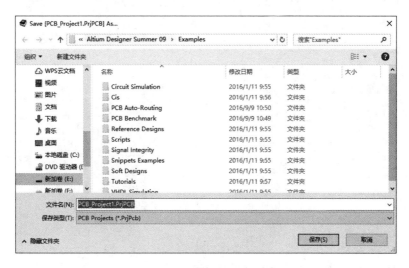

图 4.19　保存工程对话框

(2)单个设计文件的保存

在 Projects 工程面板中,选择新建的设计文件,鼠标右击弹出菜单选项,选择"Save"(保存),系统弹出保存单个文件的对话框,如图 4.20 所示,对话框中可以修改文件名和存储位置。

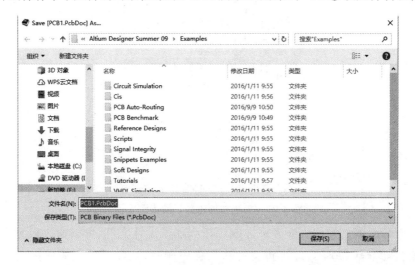

图 4.20　保存单个文件对话框

3）工程文件中添加、删除文件

通常设计时需要先建立工程文件再新建其他单个的设计文件，这样新建的单个设计文件默认添加在工程文件中。但有的时候，设计者需要的设计文件并不是自己创建而是需要调用他人的，因此需要在工程文件中添加设计文件。方法一：在"Projects"工程面板中，选择新建的工程文件，鼠标右击弹出菜单选项，选择"Add Existing to Project"，系统弹出对话框，如图 4.21 所示，按照路径查找所需要的设计文件进行添加，添加成功如图 4.22 所示。方法二：打开所需要的设计文件，文件显示在 Free Documents 项目中，鼠标点击文件将其拖拽至工程文件下。

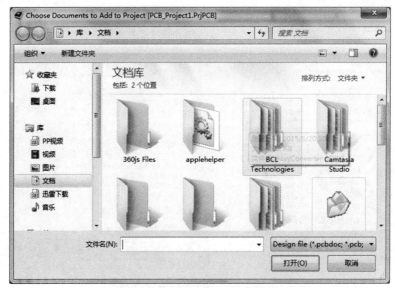

图 4.21　添加设计文件对话框

图 4.22　工程文件添加了原理图文件

有时由于设计者的操作失误多添加或者错添加了设计文件，可以通过鼠标右键选中需要删除的文件，选择"Close"，即可将文件从工程中删除，同样也可以用鼠标拖拽出工程文件，如图 4.23 所示。

图 4.23　原理图文件拖拽出工程文件

4.2　原理图设计

4.2.1　图纸参数设计

单击菜单栏中"Design"(设计)选项,选择"Document Options"(文档选项),或在编辑窗口中鼠标右击,在弹出的右键快捷菜单中单击"Options"(选项),选择"Document Options"(文档选项),系统将弹出"Document Options"(文档选项)对话框,其中包含"Sheet Options"(原理图选项)、"Parameters"(参数)和"Units"(单位)3 个选项卡,如图 4.24 所示。

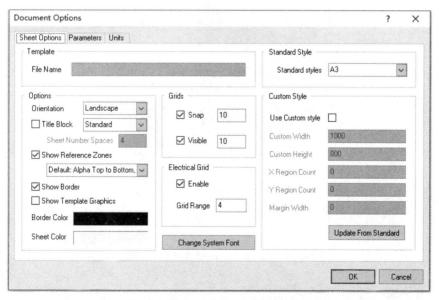

图 4.24　Document Options(文档选项)对话框

(1) Sheet Options(原理图选项)

① 设置图纸尺寸

原理图的图纸尺寸的设置可以选择"Standard Style"(标准图纸)和"Custom Style"(自定义图纸)两种,这两种选择在"Sheet Options"(原理图选项)的右半分区域。其中"Standard Style"(标准图纸)包含公制图纸尺寸(A0～A4)、英制图纸尺寸(A～E)等;"Custom Style"(自定义图纸)能够根据设计要求设置"Custom Width"(定制宽度)、"Custom Height"(定制高度)、"X-Region Count"(X 轴参考坐标分度)、"Y-Region Count"(Y 轴参考坐标分度)和"Margin Width"(边框宽度)五个自定义值。

② 设置图纸方向

图纸方向可以通过"Orientation"(方向)选项的下拉菜单中,选择"Landscape"(水平方向/横向)或者"Portrait"(垂直方向/纵向)。

③ 设置图纸边框

图纸边框的显示与否可以通过"Show Border"(显示边框)复选框的勾选来设置。勾选该选项则表示显示边框,否则不显示边框。

④ 设置边框颜色

边框颜色可以通过单击"Border Color"(边框颜色)选项的颜色区域,系统弹出"Choose Color"(选择颜色)对话框,如图 4.25 所示,选择所需颜色,单击"OK"按钮即可完成颜色的修改。

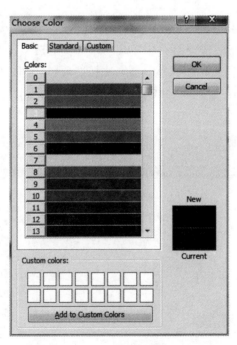

图 4.25 Choose Color(选择颜色)对话框

⑤ 设置图纸颜色

图纸颜色可以通过单击"Sheet Color"(工作区颜色)选项的颜色区域,页面弹出"Choose

Color"(选择颜色)对话框(同边框颜色设置类似),选择所需颜色,单击"OK"按钮即可完成颜色的修改。

⑥ 设置图纸网格点

新建的原理图纸其编辑窗口的背景是有网格显示的,网格的显示大小以及是否显示都可以根据需要进行修改。选项中有"Grid"(网格)和"Electrical Grid"(电气网格)两个部分,其中"Grid"包含"Snap"(捕获网格)、"Visible"(可视网格)的设置。

设置时复选框表示是否启用,"Snap"(捕获网格)是指光标每次移动距离的大小,"Visible"(可视网格)是指图纸上网格可以看到的间距大小,"Electrical Grid"(电气网格)是指在连线时,系统会以光标所在位置为中心在网格范围内向四周搜索电气节点。

⑦ 设置图纸字体

图纸中所用的文字可以通过"Change System Font"(改变系统字体)按钮来改变,其弹出的对话框如图 4.26 所示,在设置中对字体的修改包含原理图中所有的文字,通常采用默认值。

(2) Parameters(参数)

项目设计中通常包含很多图纸,图纸的参数信息可以记录电路原理图的各类参数,便于设计者对图纸的管理和同行之间的交流合作。在"Document Options"(文档选项)对话框中"Parameters"(参数)选项能够对图纸参数信息进行设置。如图 4.27 和图 4.28 所示。

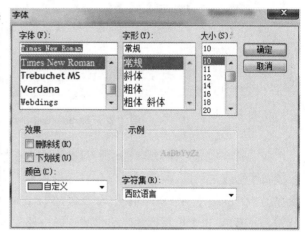

图 4.26 设置字体对话框

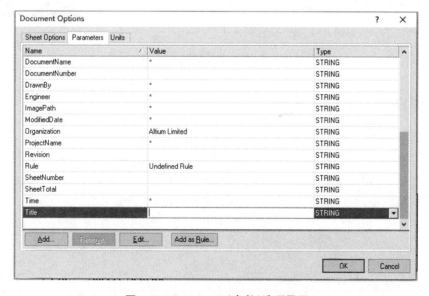

图 4.27 Parameters(参数)选项界面

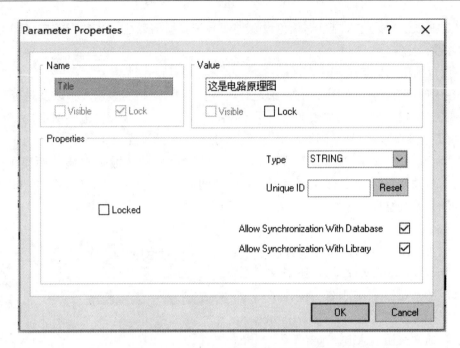

图 4.28　Parameters(参数)属性设置界面

在需要添加/修改的参数选项上双击或选中参数后单击"Edit"(编辑)按钮,弹出相应的参数属性修改对话框,设计者可以在对话框中修改设定值。例如修改文件"Title"(标题)的参数,如图 4.28 所示,双击打开该参数的"Parameter Properties"(参数属性)对话框,在"Value"(值)空格中填写标题名称(如"这是电路原理图"),单击"OK"按钮,即可完成标题的设置。设置完成,如图 4.29 所示。依此类推,其他各参数也可进行相应的修改。

Title 这是电路原理图			Altium Limited 3 Minna Close Belrose NSW 2085 Australia	
Size:　A3	Number:		Revision:	
Date:　2018/8/13	Time:　16:31:10	Sheet　　of		
File:　　Sheet1.SchDoc				

图 4.29　文件 Title(标题)修改过的显示界面

4.2.2　原理图工作环境设置

在原理图的设计过程中,其工作环境参数设置的合理与否,直接影响到整个设计的效率和正确性。原理图的工作环境设置通过菜单栏 DXP 选项中的"Preferences"(优选参数设置)选项来完成,或者选择菜单栏"Tools"(工具)选项中的"Schematic Preferences"(原理图优选参数设置)选项,系统将会弹出"Preferences"(优选参数设置)对话框,如图 4.30 所示。

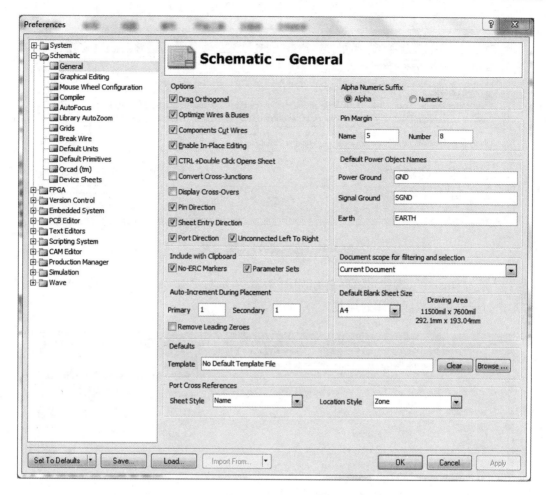

图 4.30 Schematic Preferences(原理图优选参数设置)对话框

在"Schematic"下拉菜单中,可以对"General"(常规设置)、"Graphical Editing"(图形编辑)、"Mouse Wheel Configuration"(鼠标滚轮设置)、"Grids"(网格)等内容进行设置。

4.2.3 元件库的调用

在页面窗口的右侧点击打开"Libraries"面板,如果查找不到,则单击页面窗口下端"System"菜单,选择"Libraries"面板即可出现。"Libraries"面板包含已加载的元件库、元件查找区域、元件符号预览、元件封装名称及库名、元件封装的 3D 封装显示等。

1)元件库加载

软件中包含各种各样的原理图库文件,对于初学者来说"Miscellaneous Devices. IntLib"和"Miscellaneous Connectors. IntLib"是两个较为常用的库,但有时项目中也会需要用到特定公司产品的库,例如 Xilinx 等,因此就需要加载所需的库,其操作如下:

(1)单击"Libraries"面板中"Libraries"按钮,弹出已安装加载的元件库对话框,如图4.31 所示。

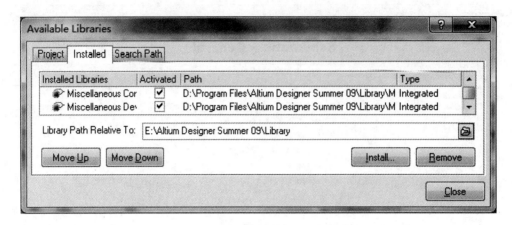

图 4.31　已安装的元件库显示

（2）单击"Install"（安装）按钮，弹出如图 4.32 所示对话框，其中可以选择加载的元件库，单击打开即可完成元件库的加载。

图 4.32　选择加载的元件库

（3）加载完成后返回到上一级对话框，页面显示出已加载的元件库，单击"Close"（关闭）按钮即可。

2）元件库卸载

在已加载的元件库对话框中，单击选中需要卸载的元件库，单击"Remove"（删除）按钮，即可完成元件库的卸载。

　　3）元件的查找

　　通常情况下由于元件库的种类繁多和元件库的内容庞大，设计者在查找元件时并不清楚其所在的具体库名，需要花费较多的时间用于逐个查找。Altium Designer Summer 09 提供了强大的元器件搜索功能，能够帮助设计者用较快的时间完成元件的查找，大大提高了工作效率。单击"Libraries"面板中"Search"按钮，可以根据元件的搜索范围、搜索路径、元件查找类型进行元件的查找。

　　4）元件的放置

　　不管是加载元件库还是元件的查找，其目的都是把设计者需要的元器件放置在原理图中，以完成原理图的绘制。元器件的放置方法有多种，可以通过单击选中元器件，然后单击"Libraries"面板中"Place"按钮来进行放置；也可以直接将其拖拽至原理图中。

　　有关元件的其他相关操作，各类软件相似，较为简单，设计者可自己查阅相关资料。

4.2.4　原理图元件的属性

　　原理图中元器件放置完成后需要对元件的属性进行设置，也可以在放置的同时进行设置。放置完成后属性的设置可以双击需要编辑的元器件，而放置同时设置则是在单击"Place"后不放置在图纸上，使用键盘上"Tab"热键打开编辑对话框，编辑完成后再将其放置在原理图中。元器件属性设置对话框如图 4.33 所示。

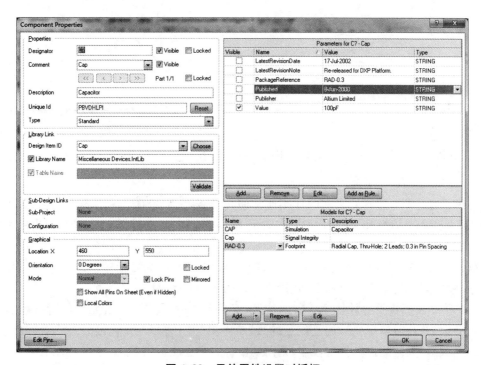

图 4.33　元件属性设置对话框

对于初学者而言,需要修改的有"Properties"(基本属性设置)、"Parameters"(元件参数设置)和"Models"(元件模型设置)。"Properties"(基本属性设置)中"Designator"(标识)是指元器件的标号,用于区分不同的元器件,需要注意的是,同一个项目中各元器件的标号是唯一的,不可以重复命名。"Parameters"(元件参数设置)中通常会添加元件的标称值等信息。"Models"(元件模型设置)中可以添加元器件的封装信息等。

4.2.5 原理图元件绘制连接

原理图中元器件的连接包含各种具有电气属性的符号和导线,这些电气属性的选项都可以在菜单栏中"Place"(放置)中查找到,或者在系统工具栏中通过热键放置。

1)电源和接地符号的放置

(1)单击菜单栏"Place"(放置)选项,选择"Power Port"(电源和接地符号),或者选择工具栏中的符号,鼠标显示为十字形状加上一个电源符号或者接地符号,如图 4.34 所示。

(2)移动鼠标将符号放置到所需的位置,单击鼠标左键即可完成符号的放置,此时仍然可以继续放置相同的电源符号或者接地符号,如若想进行其他操作,则需要鼠标右击退出放置状态。

图 4.34 放置接地符号的鼠标状态

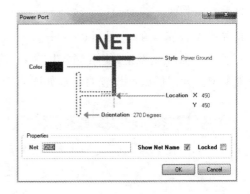

图 4.35 "Power Port 属性修改"对话框

(3)通过双击符号可以对其进行属性的修改,或者在放置的过程中按下键盘的"Tab"键,弹出如图 4.35 所示对话框,对话框中包含符号的颜色、类型、位置、网络属性等设置。

2)网络标号的放置

原理图绘制时,元器件之间的连接通常使用导线,但是有时由于原理图过于复杂不便于查看,设计者可以使用网络标号来实现元器件管脚之间的连接,使得原理图更加简洁明了。

(1)单击菜单栏"Place"(放置)选项,选择"Net Label"(网络标号),或者选择工具栏中的符号,鼠标显示为十字形状加上网络标号,如图 4.36 所示。

(2)移动鼠标将符号放置到所需的位置,必须放置在导线上或者元器件管脚等具有电气属性的地方,此时鼠标显示的是红色的叉,单击鼠标左键即可完成符号的放置,此时仍然可以继续放置,如若想进行其他操作,则需要鼠标右击退出放置状态。

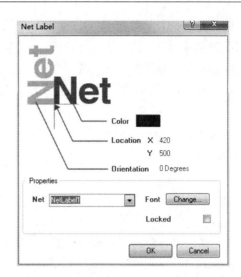

图 4.36　放置网络标号的鼠标状态　　　　图 4.37　网络标号属性修改对话框

（3）通过双击网络标号可以对其进行属性的修改，或者在放置的过程中按下键盘的"Tab"键，弹出如图 4.37 所示对话框，对话框中包含对符号的颜色、类型、位置、网络属性等设置，通常网络标号在放置时其名称会按照前一次的标号名称进行增加，如 Net Label1、Net Label2,等等。需要注意的是原理图中网络标号相同的表示为电气连接在一起。

3）电气节点的放置

Altium Designer Summer 09 中默认 T 形交叉点自动生成电气节点，以表示该处在电气意义上是连接的，而十字交叉处不会自动生成电气节点。因此如果十字交叉时需要电气连接，则需要设计者自行放置电气节点。

（1）单击菜单栏"Place"（放置）选项，选择"Manual Junction"（手动放置节点），鼠标显示为十字形状加上一个红色圆点，如图 4.38 所示。

（2）移动鼠标将符号放置到所需的位置，必须放置在导线上或者元器件管脚等具有电气属性的地方，此时鼠标显示的是红色的叉，单击鼠标左键即可完成符号的放置，此时仍然可以继续放置，如若想进行其他操作，则需要鼠标右击退出放置状态。

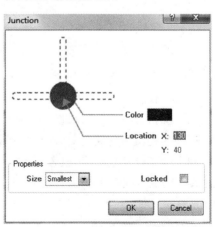

图 4.38　放置电气节点的鼠标状态　　　　图 4.39　电气节点属性修改对话框

（3）通过双击网络标号可以对其进行属性的修改，或者在放置的过程中按下键盘的"Tab"键，弹出如图 4.39 所示对话框，对话框中包含对符号的颜色、位置、大小等属性设置。需要注意的是手动添加的电气节点和自动生成的电气节点颜色不相同，手动添加的电气节点显示为暗红色，自动生成的电气节点显示为蓝色。

4）导线的放置

导线是原理图中元器件电气连接最常用也是最基本的工具，需要区分 Wire（导线）和 Line（线），其中 Wire（导线）具有电气属性，而 Line（线）只是普通的线，两个颜色近似很容易混淆。

（1）单击菜单栏"Place"（放置）选项，选择"Wire"（导线），鼠标显示为十字形状加上交叉符号，如图 4.40 所示。

（2）移动鼠标将符号放置到所需连接的一个元器件管脚上，此时鼠标显示的是红色的叉，单击鼠标以此作为导线的起点，移动鼠标至需要连接的另一个元器件管脚，单击鼠标左键作为导线的终点，即可完成一根导线的放置，此时仍然可以继续放置，如若想进行其他操作，则需要将鼠标右击退出放置状态。

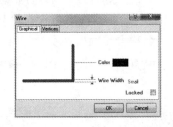

图 4.40　放置导线的鼠标状态　　图 4.41　导线属性修改对话框　　图 4.42　选中的导线状态

（3）在导线绘制时，不能保证连接的导线两端在同一水平线或者同一垂直线上，因此需要在放置导线过程中进行拐弯。通常在需要拐弯的地方单击鼠标左键即可完成导线的拐弯，每点击一次可以改变一次方向。拐弯的模式有直角、45°和任意角度三种，可以通过热键"Shift＋Space"来进行切换。

（4）通过双击导线可以对其进行属性的修改，弹出如图 4.41 对话框，对话框中包含对导线的颜色和线宽属性的设置。需要注意的是导线的属性通常采用默认值，这样便于设计者理解电路原理图。

（5）通过选中导线，可以对其长短、方向等属性进行修改，如图 4.42 所示。

5）放置忽略 ERC 测试点（No ERC）

系统在进行电气规则检测（ERC）时，有时需要忽略某些不符合规则的操作，例如有些元件的引脚悬空时系统报错。因此，为了避免这类报错，设计者可以使用忽略 ERC 测试符号，让系统在 ERC 检测时忽略此处，不产生错误报告。其操作步骤如下：

（1）单击菜单栏"Place"（放置）选项，选择"Directives"（指示符）中的"No ERC"（忽略 ERC 测试点）选项，或者选择工具栏中的符号，鼠标显示为十字形状加上红色交叉符号，如图 4.43 所示。

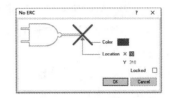

图 4.43 放置忽略 ERC 测试点的鼠标状态   **图 4.44 No ERC 属性修改对话框**

（2）移动鼠标将符号放置到所需的引脚位置，单击鼠标左键即可完成符号的放置，此时仍然可以继续放置，如若想进行其他操作，则需要鼠标右击退出放置状态。

（3）通过双击符号可以对其进行属性的修改，弹出如图 4.44 所示对话框，对话框中包含颜色和位置属性的设置。需要注意的是颜色通常采用默认值，这样便于读者理解电路原理图。

6）添加注释

原理图电路绘制完成后，添加注释说明是必不可少的步骤。注释说明可以对电路进行相关记录，既有利于设计者记录相关资料，又有利于浏览者对原理图的理解。注释说明的添加包括单行文字和区块文字两种。

（1）放置单行文字

① 单击菜单栏"Place"（放置）选项，选择"Text String"（单行文字），鼠标显示为十字形状加上单行注释标记，如图 4.45 所示。

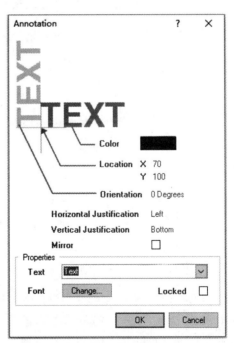

图 4.45 放置单行文字的鼠标状态   **图 4.46 单行文字属性修改对话框**

② 移动鼠标将符号放置到所需的添加注释的位置，单击鼠标左键即可完成放置，此时仍然可以继续放置，如若想进行其他操作，则需要鼠标右击退出放置状态。

③ 通过双击文字可以对其进行属性的修改,弹出如图 4.46 所示对话框,对话框中包含颜色、位置、文本、字体等属性的设置。

(2) 放置区块文字

① 单击菜单栏"Place"(放置)选项,选择"Text Frame"(区块文字),鼠标显示为十字形状加上区块标记,如图 4.47 所示。

② 移动鼠标将符号放置到合适位置,单击鼠标左键即可完成区块文字一个顶点的放置,再次移动鼠标到对角顶点单击确定,此时完成一个区块文字的放置,如图 4.48 所示。

图 4.47　放置区块文字的鼠标状态　　　**图 4.48　区块文字放置完成显示**

③ 通过双击区块可以对其进行属性的修改,弹出如图 4.49 所示对话框,对话框中包含边框、文本等相关属性的设置。

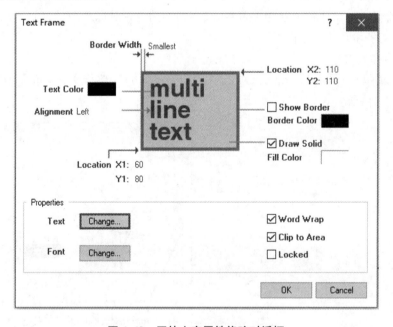

图 4.49　区块文字属性修改对话框

4.2.6　原理图的电气检测

Altium Designer Summer 09 为设计者的原理图设计提供了电气规则检查,可以对原理图中的电气连接属性进行检测,检测之后的正确或错误信息显示在工作区面板的"Messages"(信息)面板中,同时也会在原理图中做出相应的标注。另外,设计者可以对检查的规则根据需要进行设置。需要注意的是,电气检测仅仅是对绘制出的原理图中电气属性进行检测,对于原理图设计的正确与否并不能进行检测,因此设计者还需在后续的过程(如原理图的打印与报表输出)对原理图进行反复对照和修改。

单击菜单栏中"Project"（项目）选项，选择"Project Options"（项目选项），系统弹出相关对话框，如图4.50所示。在对话框中，"Error Reporting"（错误报告）、"Connecting Matrix"（电路连接检测矩阵）（如图4.51所示）和"Comparator"（比较器）这三个设置选项和原理图电气属性检测有关。对于初学者而言，默认选项即可满足需求。"Comparator"（比较器）设置在PCB设计中会提到，因此在此不多做说明。

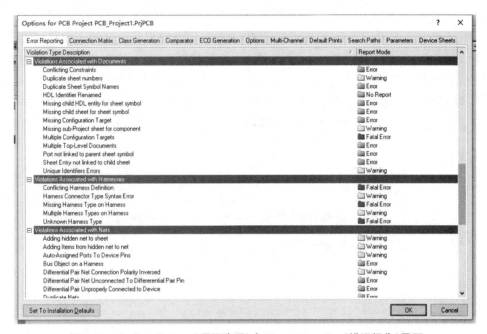

图4.50　Project Options(项目选项)中Error Reporting(错误报告)界面

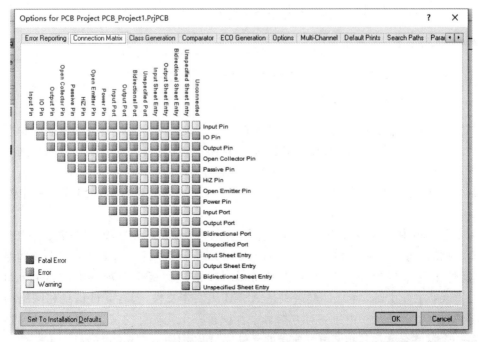

图4.51　Project Options(项目选项)中Connecting Matrix(电路连接检测矩阵)界面

4.2.7 原理图打印与报表输出

Altium Designer Summer 09 提供了丰富的报表输出打印功能,可以满足各类需求。当电路原理图绘制完成并进行电气属性检测之后,设计者可以创建各类原理图的报表文件,用于掌握整个项目的有关信息。

1) 原理图打印输出

设计者通常需要对原理图进行浏览、检查和交流,因此需要将绘制的原理图打印出来以供使用。首先需要对原理图进行页面设置,单击菜单栏中"File"(文件)选项,选中"Page Setup"(页面设置)选项,系统弹出"Schematic Print Properties"(原理图打印属性)对话框,如图 4.52 所示。根据需要进行设置,预览完成后单击"Print"(打印)按钮,即可实现原理图的打印。注意,和大众软件中的操作相类似,点击工具栏的打印按钮,也可以实现原理图的打印。

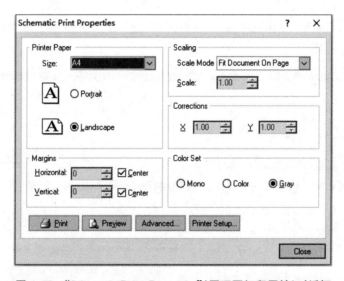

图 4.52 "Schematic Print Properties"(原理图打印属性)对话框

2) 网络表打印输出

网络表是各类报表打印输出中最为重要的一种报表。网络表是指电路原理图中所有元器件的信息(例如标识、管脚、PCB 封装等)以及网络的连接信息(例如网络名称和网络节点等),这些是后续 PCB 设计中必不可少的部分。网络表可以是单个原理图文件,也可以是整个项目。一般来说,网络表的生成是为了 PCB 的设计,因此生成的网络表是基于整个项目的。

单击菜单栏中"Design"(设计)选项,选中"Netlist for Project"(项目网络表)→"Protel"选项,系统将在当前项目保存路径的"Project Outputs for"项目名的文件夹中生成网络表文件,其文件名后缀名为 .NET,或者在"Projects(项目)"面板中该项目下的"Generated→Netlist Files"中查找到。生成的网络表是 ASCII 码文本文件,包含元件信息和网络信息两个部分,如图 4.53 所示。由每一对方括号来标识每一个元器件的信息,由每一对圆括号来标识每一个网络名称和其相同电气连接的元件序号及引脚。

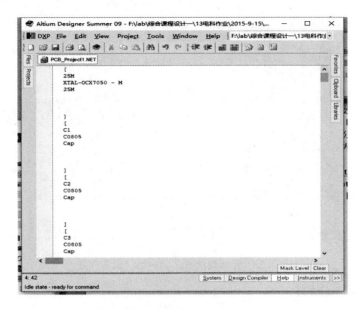

图 4.53　生成的项目网络表文件

3) 元器件清单打印输出

对于整个 PCB 的设计其主要目的是电路板的制作,因此在制作前需要利用整个项目的元件清单去进行采购和制作,对此 Altium Designer Summer 09 提供了元件清单输出的功能,输出的文件类型包括. xml、. xls、. html、. csv、. txt 等多种类型。

单击菜单栏中 Reports(报告)选项,选择"Bill of Materials"(材料清单)选项,系统弹出相应的对话框,如图 4.54 所示。对话框左下角"Menu"(菜单)选项中有"Export"(导出)和"Report"(报告)常用的选项,分别提供了材料清单的文件导出和材料清单输出报告的预览及其设置选项,如图 4.55 所示。

图 4.54　元件报表设置界面

图 4.55　元件清单 Export(导出)设置界面

4.2.8　多原理图设计

在一个工程项目中往往只有一个原理图是不能满足整个项目设计的,需要多个电路原理图组成,即项目总体划分为多个子原理图部分。和以往的 Protel 软件不同,Altium Designer Summer 09 可以不使用层次电路原理图的设计方法,仍然能够使各电路原理图相连接起来,具体层次电路原理图的设计方法请自行参考 Protel 等其他软件的操作。此方法适用于初学者,不需要建立层次原理图。首先必须保证所有的子电路原理图加载在同一个工程项目中;其次选择任意一个原理图,单击菜单栏中"Design"(设计)选项,选择"Update PCB Document PCB"文件名选项,系统弹出"Engineering Change Order"对话框,其中包含了工程中所有的电路原理图文件及其元件,如图 4.56 所示,后续操作步骤详见 PCB 加载原理图部分。

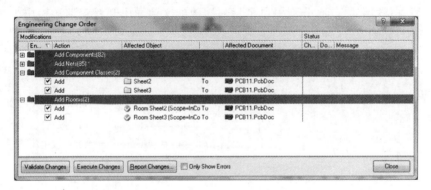

图 4.56　Engineering Change Order(工程更新操作顺序)对话框

4.2.9　原理图元件库创建

1) 原理图元件库的创建

单击菜单栏中"File"(文件)选项,选择"New"(新建)下拉菜单中的"Library(库)/Schematic Library(原理图元件库)"选项,新建成功后保存文件。同样地,新建的元件库需要加载到之前建立的项目工程中。

2）原理图元件库的面板

原理图元件库文件编辑器包含元件库面板、菜单栏、工具栏、元件库编辑器工作区等。

（1）主菜单

主菜单类似于原理图设计文件，提供了绘制元件符号所需要的操作指令，如图 4.57 所示。

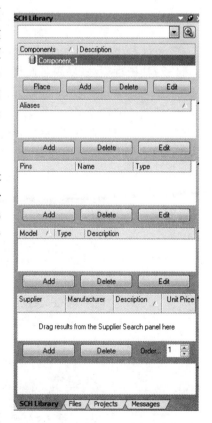

图 4.57　原理图元件库主菜单栏

（2）工具栏

工具栏同样类似于原理图设计文件，包括标准工具和画图画线工具，如图 4.58 所示。一般来说，画图画线工具在原理图设计中使用较少，大部分使用在原理图元件库元件符号的绘制上。此外，画图画线工具在菜单栏中的"Place"（放置）选项中查找到。

图 4.58　原理图元件库工具栏

（3）元件库面板

元件库面板即为 SCH Library（SCH 元件库）面板，如图 4.59 所示。它包含了原理图元件库文件创建的所有信息，能够对库文件进行编辑管理。SCH Library（SCH 元件库）面板包含 Components（元件）框、Aliases（别名）框、Pins（引脚）框、Model（模型）框和Supplier（生产商）框，其操作主要分为与元件符号库中符号的操作和对当前激活引脚的操作。

（4）元件库编辑器工作区

单击菜单栏中"Tools"（工具）选项，选择"Document Options"（文档选项），系统弹出"Library Editor Workspace"（元件库编辑器工作区）对话框，如图 4.60 所示，也可以单击鼠标右键查找到该选项。其设置方法类似于原理图设计中的页面设置方法。

图 4.59　SCH Library(SCH 元件库)面板

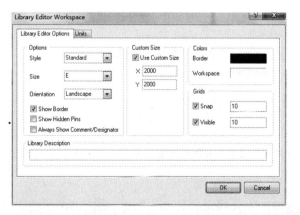

图 4.60　Library Editor Workspace(元件库编辑器工作区)对话框

4.2.10 原理图元件创建

1) 新建/删除原理图元件符号

单击菜单栏中"Tool"(工具)选项,选择"New Component"(新器件),即可完成一个新元件符号的建立。一般来说,在原理图元件库建立保存后,系统默认新建了一个元件符号,其名称为"Component_1",设计者可在后续工作中对其进行删除、重命名等操作,而新建的元件符号则是在新建时修改其名称,如图 4.61 所示。

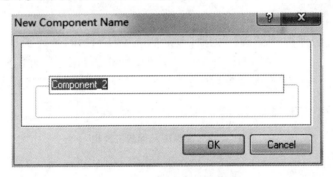

图 4.61 新建元器件对话框

在 SCH Library(SCH 元件库)面板选择 Components(元件)框中的元件,单击鼠标右键,可以对其进行删除、复制等操作;也可以选中该元件,单击菜单栏中"Tool"(工具)选项,选择"Remove Component"(删除元件)实现元件的删除,选择"Rename Component"(重命名元件)实现元件的重命名。

需要注意的是,在建立第二个元件符号时不需要新建原理图元件库,仅仅选择"New Component"(新元件)选项即可,此时在 SCH Library(SCH 元件库)面板选择 Components(元件)框中出现多个元件,因而实现了一个元件库对应多个元件,如图 4.62 所示。

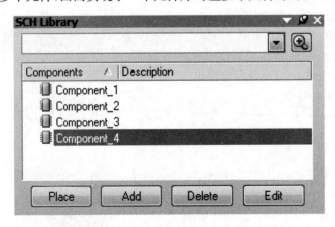

图 4.62 一个元件库对应多个元件的面板显示

(1) 绘制元件符号边框

元件符号的边框绘制通常根据原理图中元件标准样式作为参考,因此一般情况多采用矩形或三角形来作为元件符号的边框,其操作方法相同,下面以矩形边框为例,简单描述其操作步骤。

① 单击画图画线工具中下拉菜单中的□(放置矩形)按钮,鼠标指针变成十字形状,并附有一个矩形方框,如图 4.63 所示。

② 鼠标移动到合适位置后单击以确定矩形边框的一个顶点,继续移动鼠标到合适位置后单击以确定矩形边框的对角顶点,需要注意的是,元件符号绘制时必须在工作区中间点(即十字交叉位置)附近,如图 4.64 所示,且元件符号的大小需要提前考虑好。

图 4.63 绘制矩形边框过程

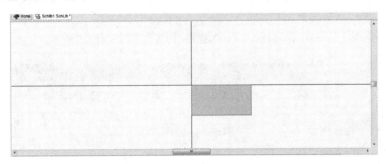

图 4.64 矩形边框绘制在工作区中间位置

③ 一个矩形边框绘制完成后,鼠标仍处在绘制状态,需要单击鼠标右键退出绘制状态,或使用键盘"ESC"键退出功能。此外,退出绘制状态后,单击矩形可以实现矩形大小的调整,双击矩形可以实现矩形属性的设置,包括其边框、颜色、位置等,如图 4.65 所示。

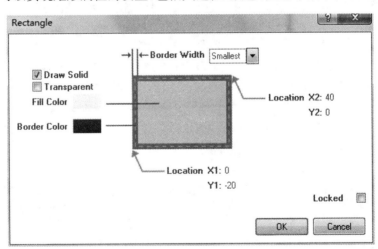

图 4.65 矩形边框属性设置界面

(2) 放置引脚

元件符号绘制完成后,开始放置元件的引脚,其操作步骤如下:

① 单击画图画线工具中下拉菜单中的 (放置引脚)按钮,鼠标指针变成十字形状,并附有一个引脚符号,如图 4.66 所示。

图 4.66　放置引脚时的鼠标　　　　图 4.67　放置引脚时电气连接属性朝外

② 鼠标移动到矩形边框的边界处，单击完成放置，如图 4.67 所示。需要注意的是，放置引脚时，有十字叉形状的一端表示具有电气连接属性，因此必须朝外放置，如图 4.67 所示。

③ 引脚完成后，鼠标仍在放置引脚状态，需要单击鼠标右键退出绘制状态，或使用键盘"ESC"键退出功能。此外，退出放置引脚状态后，双击引脚可以实现其属性的设置，包括其显示名称、标识名称、电气类型、引脚符号类型和外观等，如图 4.68 所示。

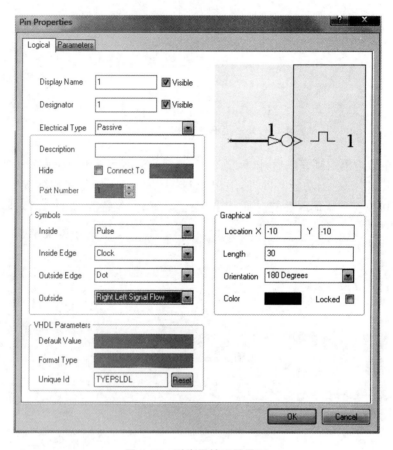

图 4.68　引脚属性设置界面

需要注意的是，有时元件的引脚名称需要取非，即名称上有一条横线，设计者可以在名称的每个字母后面加上"\"，来实现取非的效果，如图 4.69 所示。

2）编辑元件属性

双击 SCH Library(SCH 元件库)面板选择 Components(元件)框中需要修改的元件，系统弹出"Library Component Properties"(库元件属性)对话框，如图 4.70 所示，该对话框类似于原理图设计中元件属性对话框，可参考进行参数设置。

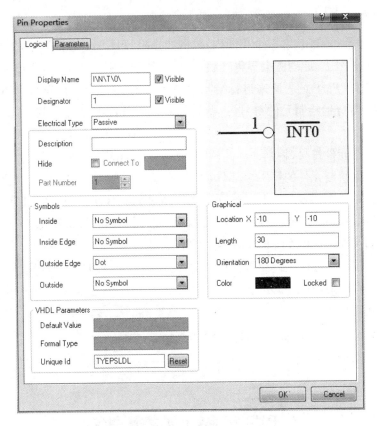

图 4.69 引脚名称取非设置界面

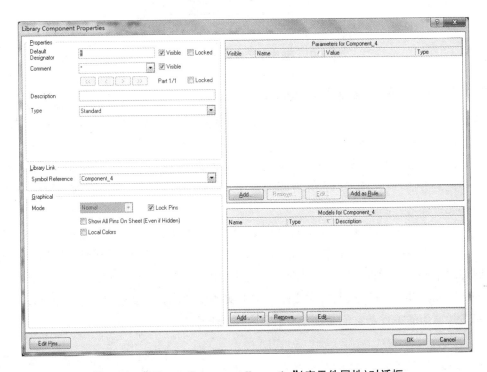

图 4.70 "Library Component Properties"(库元件属性)对话框

3) 绘制复杂元件符号

有时一个元器件内部包含多个相同内容,例如排阻、74LS00 与非门等,如果将所有引脚绘制在一个元件符号上,原理图会显得连线混乱、不便于理解。因此,对于此元件,设计者可采用元件和子元件(Part)的方法来进行绘制,其操作和绘制单个元件符号大体相同,只是需要一个部分一个部分地绘制元件符号,这些符号看起来彼此独立,但都属于同一个元件,具体操作步骤如下:

(1) 新建一个元件符号,将其命名为所需名称,方法同前。

(2) 在工作区绘制元件的第一个部分,方法同前。

(3) 单击菜单栏中"Tool"(工具)选项,选择"New Part"(新部分),即可完成元件第二个部分的建立,此时在"SCH Library"(SCH 元件库)面板选择"Components"(元件)框中该元件出现两个部分 Part A 和 Part B,如图 4.71 所示。

(4) 重复步骤(3),可以继续绘制元件新的部分,同时对其属性进行修改。

(5) 需要注意的是,各个部分组成一个元件,因此引脚的总数即为元件的引脚总数,同时引脚的标识不可以重复。

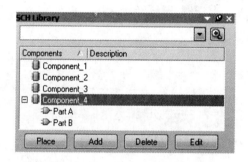

图 4.71　包含子元件的元件面板显示

4) 元件符号在原理图中的更新

设计时往往会遇到在原理图设计时发现元件符号需要进行修改,例如元件符号大小不合适、元件符号绘制时遗漏封装等,此时设计者可以在原理图中删除后重新载入修改后的元件库,但如果原理图中元件数目较多时,该方法则显得繁琐。Altium Designer Summer 09 提供了便捷的方法,设计者可以在元件库中修改元件符号的时候直接更新到原理图中,实现原理图和元件库之间的实时通信。

在元件库环境中,在"SCH Library"(SCH 元件库)面板选择"Components"(元件)框中需要更新的元件,单击鼠标右键选择"Update Schematic Sheets"(更新到原理图),即可更新目前原理图中所有该元件;或者在原理图环境中,单击菜单栏中"Tools"(工具)选项,选择"Update From Libraries"(从元件库更新),也可实现该功能。需要注意的是,原理图和元件库之间实时通信的条件是它们必须建立在同一工程项目中。

4.3　PCB 电路板设计

4.3.1　元件封装设置

在原理图中双击需要设置封装信息的元件，打开其属性设置对话框，在"Models"（元件模型设置）中可以添加元器件的封装，如图 4.72 所示，选择"Footprint"（封装）单击"OK"按钮，系统弹出"PCB Model"（PCB 模型）对话框，如图 4.73 所示。

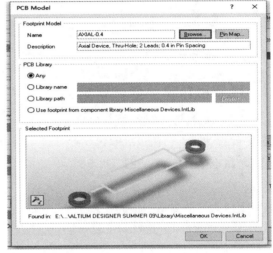

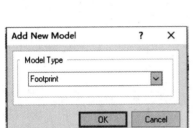

图 4.72　添加封装对话框　　　　图 4.73　PCB Model(PCB 模型)对话框

在"PCB Model"（PCB 模型）对话框中可以选择系统安装的元件库所包含的所有封装，单击"Browse"（浏览），系统弹出"Browse Libraries"（浏览库）对话框，如图 4.74 所示。在对话框中可以选择各种元件库，再相应查找其封装，也可以单击"Find"（查找）直接根据封装名称来查找。

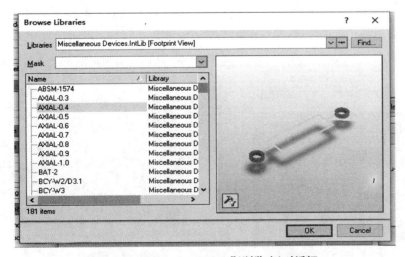

图 4.74　"Browse Libraries"(浏览库)对话框

图 4.75　引脚地图对话框

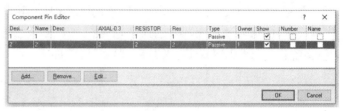

图 4.76　元件属性中编辑引脚对话框

需要注意的是,在"PCB Model"(PCB 模型)对话框中"Pin Map"(引脚地图)表示了原理图中元件的引脚和封装中引脚相对应的关系,如图 4.75 所示,如若不是相对应,设计者可再次进行修改。此外,在原理图中元件属性对话框中,左下角的"Edit Pin"(编辑引脚)也可以对引脚进行修改,如图 4.76 所示。

4.3.2　PCB 电路板环境参数设置

在进行 PCB 设计之前,首先要对 PCB 电路板的各种属性进行设置,包括电路板的大小、形状、板层设置、图纸设置、系统参数设置等。

1) 电路板大小、形状设置

(1) 电路板边框设置

电路板的边框即为电路板的物理边界,它决定了 PCB 的实际大小和形状,其设置是在PCB 板的 Mechanical 1(机械层)上进行的,设计者可根据需求来确定 PCB 板的大小和形状,其操作步骤如下:

① 单击工作窗口下方的 Mechanical 1(机械层),表示目前工作层面为该层面。

② 单击菜单栏中"Place"(放置)选项,选择"Line"(线),鼠标指针变成十字形状,将其移动到工作窗口合适的位置,单击即可进行线的放置操作,和原理图中画线类似,每单击一次就确定一个方向,再单击一次可以确定固定点。此外,可以通过"Place"(放置)中的其他选项完成 PCB 板除了矩形的其他图形绘制。

③ 当线的放置形成一个闭合区域时(此时会出现十字交叉和一个圆圈,如图 4.77 所示),可以结束目前边框的绘制,单击鼠标右键或使用键盘"ESC"键退出该状态。图 4.78 为绘制好的圆形 PCB 边框。

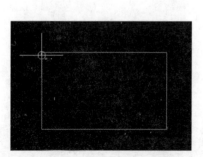

图 4.77　边框绘制闭合显示

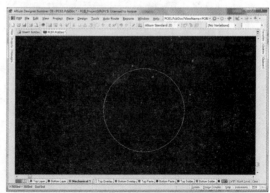

图 4.78　圆形边框绘制

④ 边框的属性可以通过双击线弹出相应对话框进行设置,如图 4.79 所示,也可以单击线进行拖拽修改,如图 4.80 所示。

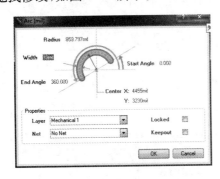

图 4.79 边框属性设置界面

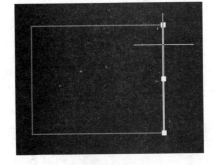

图 4.80 选中边框拖拽修改

⑤ 在边框的左下角重新设置原点

单击菜单栏中"Edit"(编辑)选项,选择"Origin"(原点)→"Set"(设置),鼠标指示为十字光标,将鼠标移动到边框的一角,单击即为设置该点为原点,如图 4.81 所示。如果设计者由于操作不当找不到绘制的 PCB 图时,可以通过菜单栏"Edit"(编辑)选项中"Jump"(跳转)找到原点,即可找到绘制的 PCB 图。

(2)电路板形状修改

PCB 图中的黑色区域为默认的板形,之前边框线的绘制是给制板商提供 PCB 电路板加工形状的依据,有时

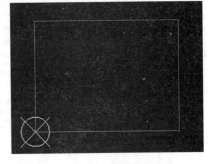

图 4.81 原点设置完成显示

由于电路图过大,边框线已经超出默认的黑色板形区域,因此需要设计者对板形重新进行修改,其操作步骤如下:

① 单击菜单栏中"Design"(设计)选项,选择"Board Shape"(电路板形状)→"Redefine Board Shape"(重新定义电路板形状),鼠标指针变成十字形状。

② 将其移动到工作窗口合适的位置,单击即可进行线的放置操作,和边框线绘制类似,每单击一次可以确定固定点。当绘制形成一个闭合区域时会出现十字交叉和一个圆圈,如图 4.82 所示,单击鼠标左键完成电路板形状的确定,此时再单击鼠标右键实现最终效果,如图 4.83 所示。

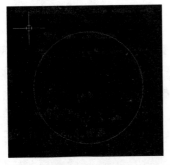

图 4.82 重新定义电路板界面显示

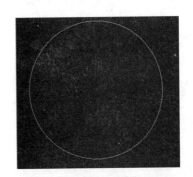

图 4.83 电路板定义完成效果

2）电路板 Preferences（优选参数）设置

在 Preferences（优选参数）设置中可以对 PCB 编辑窗口的系统参数进行修改，修改后的参数将用于当前工程的设计环境，不会随 PCB 文件的改变而改变。

单击菜单栏中"Tools"（工具）选项，选择"Preferences"（优选参数），系统弹出"Preferences"（优选参数）对话框，如图 4.84 所示，该对话框包括"General"（常规）、"Display"（显示）、"Show/Hide"（显示/隐藏）、"Defaults"（默认）、"PCB Legacy 3D"（PCB 的3D 图）等设置。

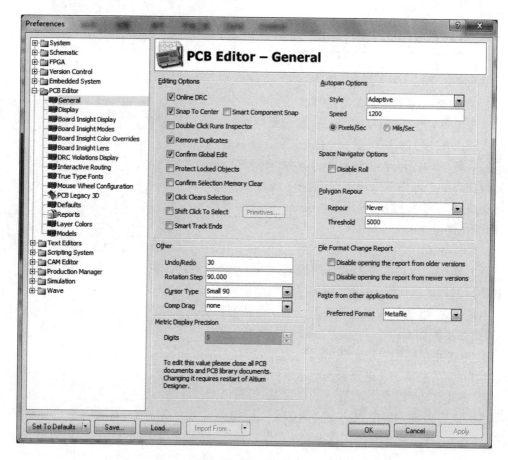

图 4.84　Preferences（优选参数）中 PCB 编辑器参数设置

3）电路板选项设置

单击菜单栏中"Design"（设计）选项，选择"Board Options"（电路板选项），系统弹出"Board Options[mil]"（电路板选项[英制]）对话框，如图 4.85 所示，其设置类似于原理图中的"Sheet Options"（原理图选项），主要包括单位、捕获网格、电气网格、可视化网格、元器件网格、图纸大小等设置。

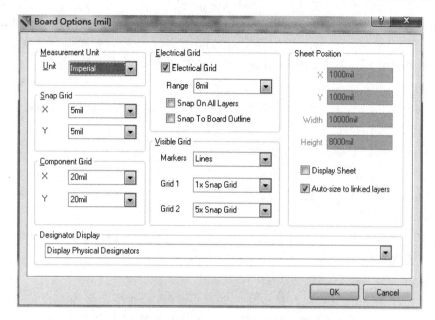

图 4.85 "Board Options"(电路板选项)对话框

4.3.3 PCB 电路板工作层面设置

1) 电路板的结构

在进行 PCB 设计之前,设计者要根据需求考虑电路板的结构。一般来说,PCB 板的结构有单面板、双面板和多层板。

(1) 单面板

单面板是指 PCB 布线只在电路板的一面进行,单面板制作便宜,但是其设计线路限制较多,例如导线不能交叉等,布通率往往较低,因此一般只有简单的电路,或者需要自行制作的电路会采用。

(2) 双面板

双面板是指 PCB 布线在电路板的上下两面进行,不过需要在上下两面之间有相连接的部分,称之为过孔(Via),它主要是在 PCB 上充满或涂满金属的小孔,目的在于将两面相连接。双面板的布线可以相互交错,制作成本不高,布通率一般都能达到 100%,因此对于电路较复杂的情况往往采用双面板。

(3) 多层板

常用的多层板有 4 层板、6 层板、8 层板和 10 层板等。简单的 4 层板是在双面板的基础上增加了电源层和地线层,这样可以有效解决电磁干扰的问题,提高系统的可靠性,同时也能够缩小 PCB 板的面积,但是其制作成本也相应提高。6 层板通常是在 4 层板的基础上增加 2 个信号层。8 层板通常包括 1 个电源层、2 个地线层、5 个信号层。

多层板的设计灵活多样,设计者可以根据需求来进行合理的设计。目前在各企业中,使用的都是多层板。

2) 电路板的工作层面

PCB 中电路板的工作层面包含不同的类型,Altium Designer Summer 09 主要提供了

"Signal Layers"(信号层)、"Internal Planes"(中间层,也称内部电源与地线层)、"Mechanical Layers"(机械层)、"Mask Layers"(阻焊层)、"Silkscreen Layers"(丝印层)和"Other Layers"(其他层)六种类型。由于篇幅原因,在此仅将双面板中常用的层面进行介绍。

(1) Top Layer(顶层)和 Bottom Layer(底层)

属于 Signal Layers(信号层),分别用红色和蓝色显示,它们是铜箔层,用于完成电气的连接,即设计者理解的导线。

(2) Top Overlay(顶层丝印层)和 Bottom Overlay(底层丝印层)

属于 Silkscreen Layers(丝印层),分别显示为黄色和暗黄色,用于标识元件的名称、标称、符号等信息,不具有电气连接属性。

(3) Mechanical 1

属于 Mechanical Layers(机械层),显示为品红色,用于描述电路板的机械结构等信息,不具有电气连接属性。

(4) Keep-Out Layer(禁止布线层)

属于 Other Layers(其他层),显示颜色也为品红色,因此经常会和 Mechanical 1 混淆,用于定义布线区域。元件不能放置在该层上,也不能在该层布线。需要注意的是,只有设置闭合的布线范围,元件自动布局和自动布线功能才能正常使用。

3) 电路板层的属性设置

(1) 电路板的层数设置

单击菜单栏中"Design(设计)"选项,选择"Layer Stack Manager"(电路板层堆栈管理),系统弹出"Layer Stack Manager"(电路板层堆栈管理)对话框,如图 4.86 所示,在对话框中可以对层数添加、删除、移动以及各层的属性进行设置。

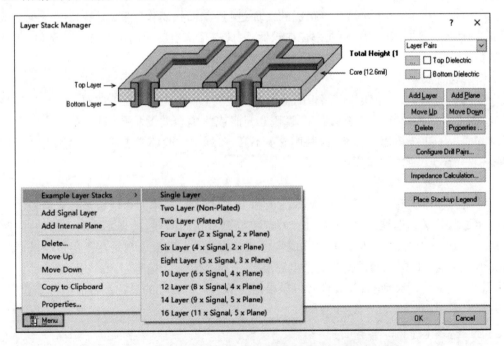

图 4.86 "Layer Stack Manager"(电路板层堆栈管理)对话框

对话框中显示的是默认双层板 PCB 层结构,即当前 PCB 层包括 Top Layer(顶层)和 Bottom Layer(底层)两层,设计者可以按照对话框中显示添加/删除层,同时也可以将层上移/下移。对于初学者而言,默认的层设计可以满足基本需求,可以不做修改和其他设置。

(2)电路板层的显示和颜色设置

针对不同的 PCB 层,软件中采用不同的颜色来显示区分,设计者可以根据个人习惯来设置多余的板层是否显示。

单击菜单栏中"Design"(设计)选项,选择"Board Layers & Colors"(电路板层和颜色设置),系统弹出"View Configurations"(视图配置)对话框,如图 4.87 所示,也可以单击鼠标右键在"Options"选项下拉菜单中查找该选项打开。

图 4.87　"View Configurations"(视图配置)对话框

对于双面板而言,一般保留显示 Top Layer(顶层)、Bottom Layer(底层)、Top Overlay(顶层丝印层)、Bottom Overlay(底层丝印层)、Mechanical 1(机械层)和 Keep-Out Layer(禁止布线层)即可满足需求,而各层的颜色尽量不要进行修改。

4.3.4　PCB 装载原理图网络表

原理图可以通过网络表的载入来实现与 PCB 之间的联系,而在载入网络表操作之前,需要先在 PCB 环境中载入元件的封装库,装载的方法和原理图元件库方法相同,首先要加载到项目工程中,然后参照原理图元件库载入方法进行。

1)设置同步比较规则

在 PCB 电路设计过程中,设计者通常是先绘制电路原理图再进行 PCB 设计,但有时原理图需要修改,即原理图和 PCB 设计需要同步进行,因此,在 PCB 进行设计之前需要对同步比较器的比较规则进行设置。

单击菜单栏中"Project"（项目）选项，选择"Project Options"（项目选项），系统弹出"Options for PCB Project"项目名对话框，然后选择"Comparator"（比较器）选项卡，如图4.88 所示，单击对话框左下角"Set To Installation Defaults"（设置成安装默认值）按钮，系统弹出确认窗口，如图 4.89 所示，选择"Yes"按钮，即可恢复软件安装时同步比较器的默认设置状态，完成同步比较规则的设置。

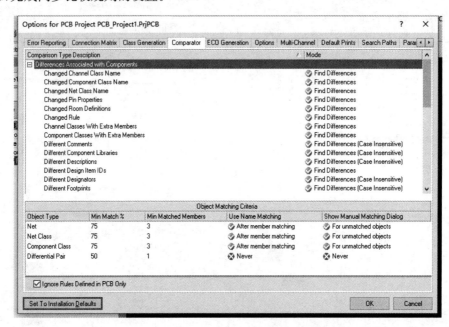

图 4.88 "Options for PCB Project"项目名对话框

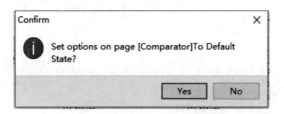

图 4.89 恢复默认设置确认对话框

该设置不仅可以完成原理图和 PCB 图之间的同步更新，也可以完成任何两个文档之间的同步更新，其不同之处可以在工作面板的 Differences（不同）面板中查看。

2）载入网络表

（1）打开当前项目，将原理图文件、原理图元件库文件、PCB 文件、PCB 元件封装库文件加载到当前项目中，如图 4.90 所示，并且保存所有文件，建议将所有文件都保存在项目

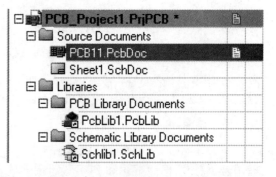

图 4.90 项目包含各文件图

的保存路径中。

（2）在原理图环境中，单击菜单中"Design"（设计）选项，选择"Update PCB Document PCB"（更新 PCB 文件）文件名，系统弹出"Engineering Change Order"（工程更新操作顺序）对话框，如图 4.91 所示，对话框中对原理图和 PCB 图的网络表进行比较。

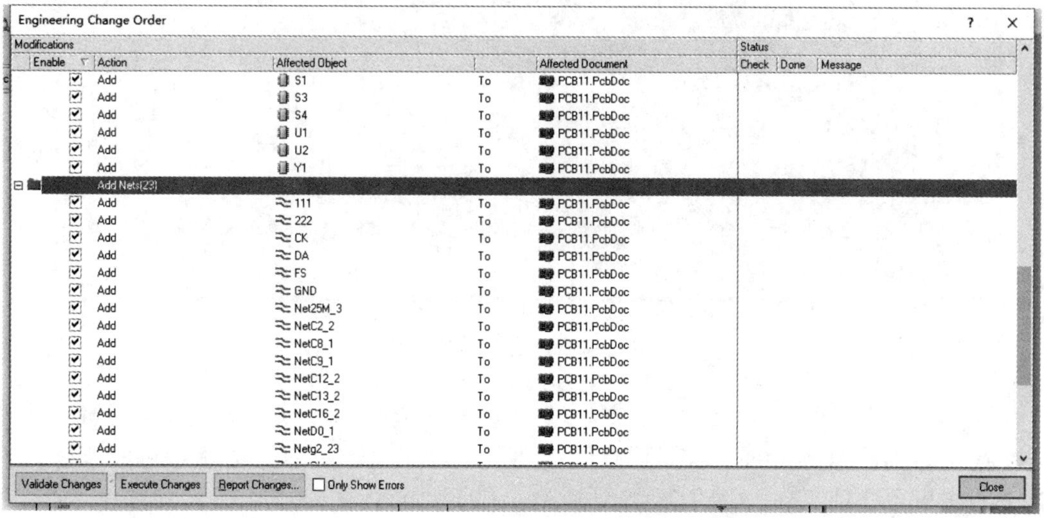

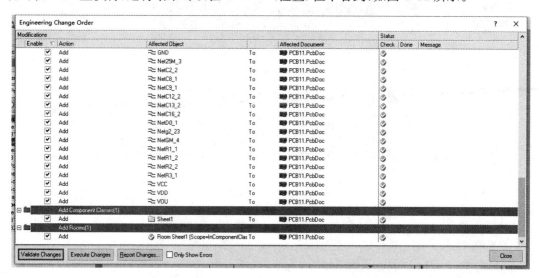

图 4.91 "Engineering Change Order"（工程更新操作顺序）对话框

（3）单击"Validate Changes"（确认更改）按钮，系统将扫描所有更改操作项，并检测其是否可在 PCB 上执行，运行结果可以在"Check"（检查）栏中看到，如图 4.92 所示。

图 4.92 检查 PCB 是否可执行更改操作结果显示

（4）单击"Execute Changes"（执行更改）按钮，系统执行更新操作，即完成网络表的导入，同时在"Done"（完成）栏显示成功，如图 4.93 所示。

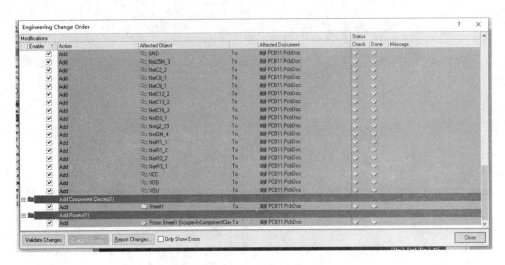

图 4.93　执行更新操作结果显示

（5）单击"Close"（关闭）按钮，完成操作。此时在 PCB 编辑区中显示了载入的所有元件的封装模型，如图 4.94 所示。需要注意的是，所有的元件都显示在一个暗红色的方框区域中，拖动方框可实现所有元件的拖动，但是如若有元件拖出方框，则会显示为绿色，即为出错，因此通常可以单击选中方框，直接删除即可，如图 4.95 所示。

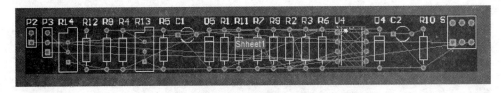

图 4.94　载入网络表的 PCB 图

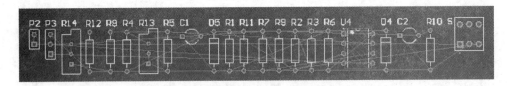

图 4.95　删除红色方框的 PCB 图

3）原理图在 PCB 中的同步更新

如果在 PCB 画图过程中需要更改原理图，那么可以参照载入网络表的方法实现原理图和 PCB 图之间的同步更新。另外，也可以在 PCB 环境中，在菜单栏"Design"（设计）选项，选择"Update Schematic in"项目名选项，同样可以实现同步更新。

4.3.5　PCB 元件的布局

载入网络表之后需要对元件进行布局，其目的在于使电路板美观、紧凑、布局合理，同时要有利于后续的布线操作。Altium Designer Summer 09 提供了手动布局和自动布局两种方式,对于熟练掌握的设计者可以选择自动布局和手动调整相结合的方法。软件提供的自动布局功能强大、规则较多,因此对于初学者而言,电路较为简单,尽量选择手动布局的方法,以便于对软件的掌握,而且有时自动布局的元件摆放不整齐,并没有考虑到布线效果。这里仅对手动布局进行说明。

手动布局是指用拖动方式把元件摆放到合适的位置,因此常用的元件调整有元件的旋转、对齐操作等。

元件的旋转和原理图中元件的旋转操作相同,鼠标左键点中元件不动,此时使用键盘的空格键即可实现旋转,每按空格键一次元件旋转 90°,旋转结束后鼠标左键松开。

元件的对齐通过菜单栏"Edit"(编辑)中"Align"(对齐选项)的一系列子菜单来完成,如图 4.96 所示。选项中包括了元件的对齐操作和元件间距的调整。需要注意的是,布局完成后并不表示元件位置固定不动了,通常还会根据布线的要求再做相应的调整。

4.3.6 PCB 电路板布线

1)布线要求

PCB 电路板布线最基本的是需要所有的元件电气连接起来,如果电路板面积足够大,那么操作起来非常简单,但实际设计中考虑到经济实惠,通常制作的 PCB 板都尽可能小些,因此 PCB 布线是很值得研究的一项技术。对于初学者来说,布线的要求如下:

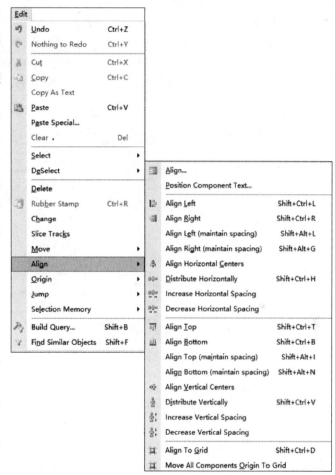

图 4.96 "Align"(对齐选项)子菜单

(1)走线长度尽量短和直,以保证电信号的完整性;

(2)走线中尽量少使用过孔;

(3)走线不宜过细,过细则不利于实际加工;

(4)走线避免出现直角和锐角;

(5)走线尽量简洁清晰,避免绕路。

2)手动布线的流程

Altium Designer Summer 09 同样提供了自动布线和手动布线两种方式,自动布线常常会出现不合理的布线情况,例如走线较长、绕线较多、走线不美观等。因此对于简单的电路,通常采用手动布线,对于复杂的电路,可采用自动布线加上手动布线调整的方法。手动布线过程一般包括设置布线规则、放置安装孔、布线、设置规则校验等步骤。

3) 布线规则设置

不管是手动布线还是自动布线,在 PCB 布线时首先要做的就是布线规则的设置,其中包括线宽、安全间距、过孔尺寸、覆铜等参数的设置。设计者在布线时,必须严格按照规则操作,否则系统会警告出错(例如元件、导线显示为绿色)。总之,布线规则的设置为之后的布线带来极大的方便。

单击菜单栏中"Design"(设计)选项,选择"Rules"(规则),系统弹出"PCB Rules and Constraints Editor"(PCB 设计规则和约束编辑器)对话框,如图 4.97 所示,由于规则较多,此处仅对初学者需要的规则进行简单介绍,其余规则可采用默认设置。

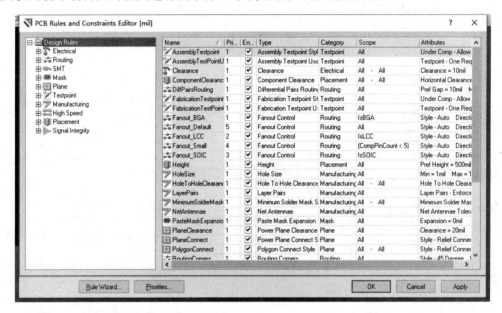

图 4.97 "PCB Rules and Constraints Editor"(PCB 设计规则和约束编辑器)对话框

(1) Electrical(电气规则)

该规则主要针对具有电气特性的对象,用于 DRC(电气规则检查)功能,其中包括 Clearance(安全间距规则)、Short-Circuit(短路规则)、Un - Routed Net(网络布线未连接规则)和 Un - connected Pin(未连接引脚规则),其设置界面如图 4.98 所示。

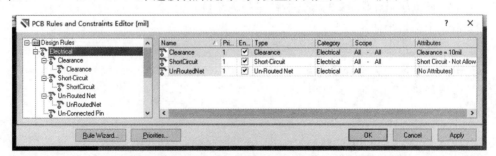

图 4.98 "Electrical"选项设置界面

① Clearance(安全间距规则)

单击该选项,对话框中出现详细信息,如图4.99所示。该规则用于设置具有电气特性的对象之间的间距。通常安全间距不宜过小,系统默认为10 mil,根据不同的电路可以设置不同的安全间距,也可以对所有网络设置相同的安全间距。

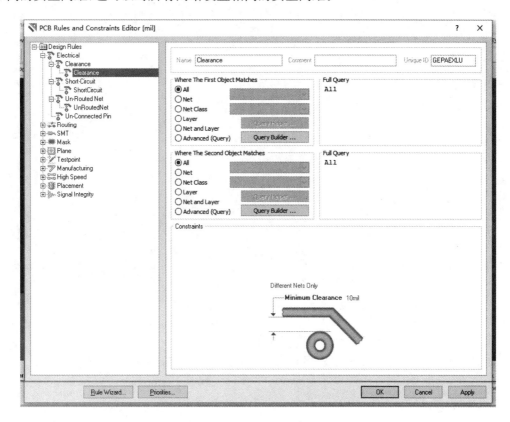

图4.99　"Clearance"设置界面

选项功能说明如下:

a. Where The First Objects Matches(优先匹配的对象所处位置):用于设置该规则优先应用的对象所处的位置。应用的对象范围包括"All"(整个网络)、"Net"(某个网络)、"Net Class"(某一网络类)、"Layer"(某个工作层)、"Net and Layer"(指定工作层的某个网络)和"Advanced"(高级设置),也可以在右侧的"Full Query"(全部询问)列表中填写相应的对象。通常采用系统默认设置"All"(整个网络)。

b. Where The Second Objects Matches(次优先匹配的对象所处位置):用于设置该规则次优先应用的对象所处的位置。通常采用系统默认设置"All"(整个网络)。

c. Constraints(约束规则):用于设置进行布线的最小间距。系统默认设置为10 mil。

② Short-Circuit(短路规则)

该规则用于设置在PCB板上是否可以出现短路,通常情况是不允许的,如图4.100所示。

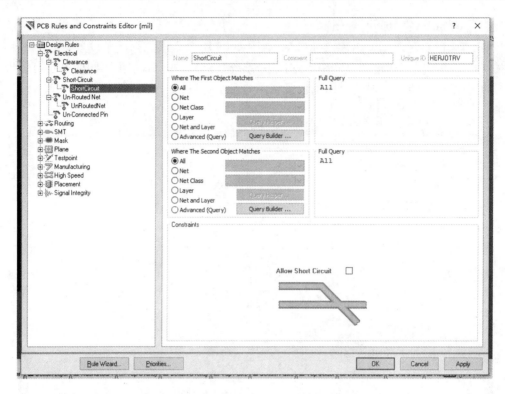

图 4.100 "Short-Circuit"设置界面

③ Un‐Routed Net(网络布线未连接规则)

该规则用于设置 PCB 设计中是否可以出现未连接的网络,如图 4.101 所示。

图 4.101 "Un‐Routed Net"设置界面

④ Un‐Connected Pin(未连接引脚规则)

该规则用于设置电路板中是否存在未布线的引脚,系统默认没有此规则,设计者可自行添加。

（2）Routing（布线规则）

该规则主要针对布线过程中的一些规则，用于设置线宽、自动布线优先级和拓扑结构等，其中手动布线时常用的规则包括"Width"（走线宽度规则）、"Routing Layers"（布线工作层规则）、"Routing Corners"（导线拐角规则）和"Routing Via Style"（布线过孔样式规则）等，其设置界面如图4.102所示。

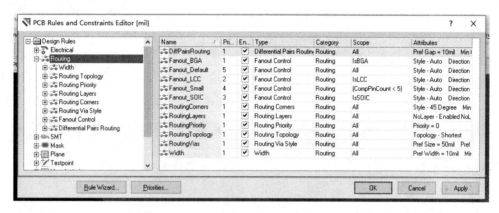

图4.102 "Routing"选项设置界面

① Width（走线宽度规则）

该规则用于设置走线的宽度，和安全间距一样，走线的宽度需要考虑到电路中电流大小、制板的成本等，因此要选择合适的宽度。走线宽度一般有最大允许值、最小允许值和首选值三个选项，设计者可以设定范围，也可以设定固定值，即三个选项值相同，其设置界面如图4.103所示。

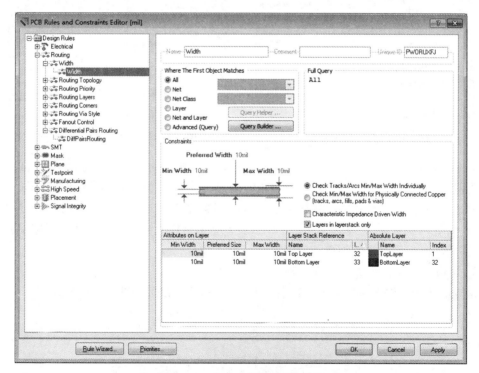

图4.103 "Width"选项设置界面

选项功能说明如下：

a. Where The First Objects Matches（优先匹配的对象所处位置）：和安全间距部分类似，在此不多作说明。

b. Constraints（约束规则）：用于限制布线宽度。布线宽度分为"Maximun"（最大）、"Minmum"（最小）和"Preferred"（首选）三种，可以在图中直接修改。

c. Attributes on Layer（走线在层的属性）：可以在不同层面分别修改布线宽度。

需要注意的是，在一个电路中其走线的宽度有可能会不相同，因此设计者需要添加不同的规则来进行约束，添加方法如下：

a. 选中规则中"Width"规则，单击鼠标右键，选中"New Rule"（新规则），如图 4.104 所示。

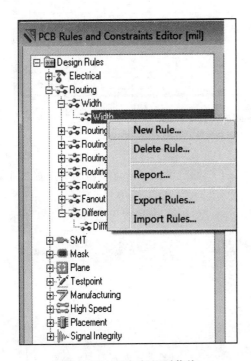

图 4.104　添加新规则菜单

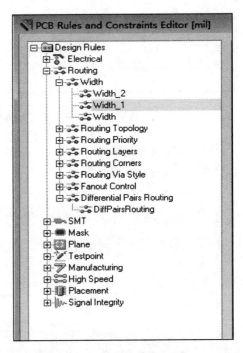

图 4.105　新规则添加成功显示

b. 在"Where The First Objects Matches"（优先匹配的对象所处位置）中设置同一种线宽优先使用的范围，另一个线宽规则中用相同的方法设置不同线宽的有限使用范围。

c. 单击对话框右下角"Apply"（应用）按钮，即可完成新规则的添加，如图 4.105 所示。同样的，新规则的重命名、删除等操作也可以通过单击鼠标右键来实现。其他规则中新建规则也是同样操作，因此后续不再作详细说明。

② Routing Layers（布线工作层规则）

该规则用于设置布线规则可以约束的工作层，其设计界面如图 4.106 所示。

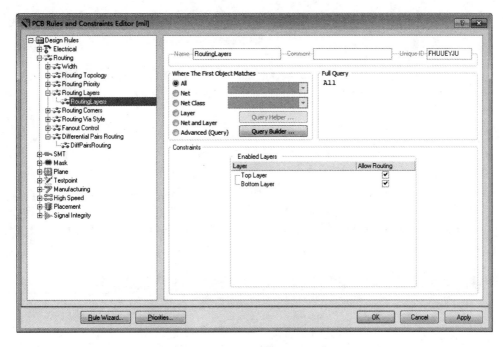

图 4.106　"Routing Layers"选项设置界面

③ RoutingCorners(导线拐角规则)

该规则用于设置导线拐角的形式,其设置界面如图 4.107 所示。PCB 布线时通常有三种拐角方式,如图 4.108 所示。系统默认采用 45°拐角形式。

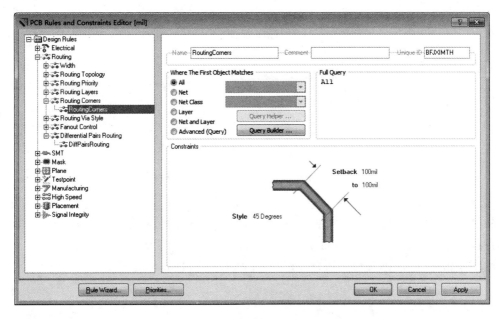

图 4.107　"RoutingCorners"选项设置界面

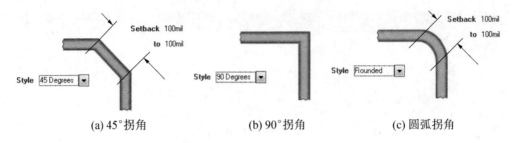

(a) 45°拐角   (b) 90°拐角   (c) 圆弧拐角

图 4.108 导线的三种拐角形式

④ Routing Via Style(布线过孔样式规则)

该规则用于设置走线时使用过孔的样式,其设置界面如图 4.109 所示。过孔的尺寸包括直径和孔径,它们都分别包括"Maximun"(最大)、"Minmum"(最小)和"Preferred"(首选)三种,过孔的尺寸需要参考元件的实际引脚尺寸来进行设置。

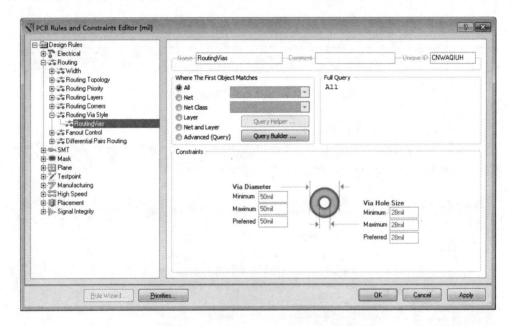

图 4.109 "Routing Via Style"选项设置界面

(3) Manufacturing(生产制造规则)

该规则主要根据 PCB 制作工艺来设置有关参数,其中手动布线时常用的规则包括"Width"(布线宽度规则)、"Routing Layers"(布线工作层规则)、"Routing Corners"(导线拐角规则)和"Routing Via Style"(布线过孔样式规则)等,其设置界面如图 4.100 所示。该规则设置和之前有些类似,设计者可自行理解,在此不多作说明。

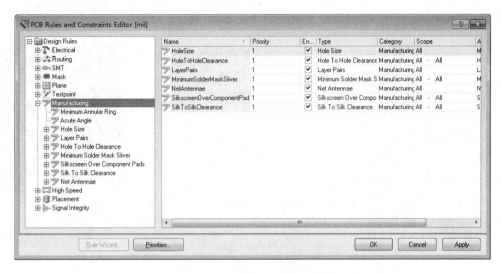

图 4.110 "Manufacturing"选项设置界面

4）手动布线

（1）手动布线步骤

在元件导入 PCB 图后，可以看到元件之间的连接有白色的线，这种线叫预拉线，用来表示应该连接的网络，因此需要设计者用导线将其连接，当连接完成后，预拉线立刻消失。

① 选择布线层（Top Layer 或者 Bottom Layer），单击菜单栏中"Place"（放置）选项，选择"Interactive Routing"，或者选择工具栏的按钮，鼠标显示为十字形状。

② 移动鼠标到元件的一个焊盘上，单击鼠标左键作为布线的起点。

③ 多次单击鼠标左键确定多个不同的路径转折点，直至另一个焊盘，以完成两个焊盘之间的布线。当两个焊盘之间布线完成，白色的预拉线立刻消失。

（2）拆除布线

方法一：在电路中单击选中导线，按下键盘"Delete"键即可完成导线的删除。

方法二：

① 拆除所有导线

单击菜单栏中"Tools"选项，选择"Un-Route"→"All"选项，即可拆除 PCB 图中所有导线。

② 拆除某个网络的所有导线

单击菜单栏中"Tools"选项，选择"Un-Route"→"Net"选项，鼠标显示为十字形状，移动鼠标到需要删除的网络中任一导线上，单击鼠标左键，即可完成该网络的导线拆除。单击鼠标右键或按下"ESC"键退出该状态。

③ 拆除某个元件的导线

单击菜单栏中"Tools"选项，选择"Un-Route"→"Component"选项，鼠标显示为十字形状，移动鼠标到需要删除的元件上，单击鼠标左键，即可完成该元件所有管脚的导线拆除。单击鼠标右键或按下"ESC"键退出该状态。

4.3.7　添加安装孔

设计完成的 PCB 电路板在实际使用时需要考虑如何安装,通常采用安装孔的形式来实现。添加安装孔的步骤如下:

（1）单击菜单栏的"Place"（放置）选项,选择"Via"（过孔）,或者选择工具栏的"放置过孔"按钮,鼠标指针显示为十字形状并附加一个过孔图形,如图 4.111 所示。

（2）将过孔放置在合适的位置,放置完一个过孔后可继续放置其他过孔,也可右击退出放置状态。

（3）双击过孔,系统弹出"Via"对话框,如图 4.112 所示,在对话框中可对孔径、网络标号、始末层等进行设置。

图 4.111　放置"Via"
（过孔）鼠标显示

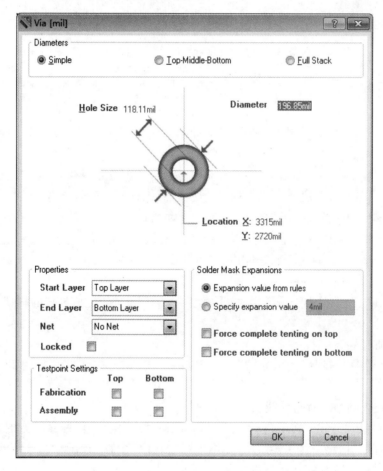

图 4.112　"Via"（过孔）对话框

4.3.8　覆铜

覆铜是由一系列的导线组成的,一般用于完成电源、接地等需要大面积使用的地方。覆铜可以提高电路的抗干扰能力,也可以加大电路中过电流的能力,且制作出的 PCB 板简洁美观。覆铜的操作步骤如下：

（1）单击菜单栏中"Place"（放置）选项，选择"Polygon Pour"（多边形覆铜），或者选择工具栏的（"放置多边形覆铜"）按钮，系统弹出"Polygon Pour"（多边形覆铜）对话框，如图4.113所示。

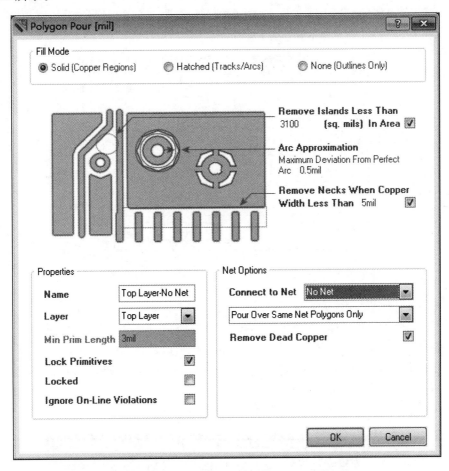

图4.113　"Polygon Pour"（多边形覆铜）对话框

（2）设置覆铜属性

①"Fill Mode"（填充模式）包括"Soild（Copper Regions）"（实体）、"Hatched（Tracks/Arcs）"（网络状）和"None（Outlines Only）"（无）三种选择。

②"Properties"（属性）包括"Layer"（层）选择、"Min Prim Length"（最小图元长度）等修改选项。

③"Net Options"（网络选项中）包括"Connect to Net"（连接到网络）、选择如何填充、勾选"Remove Dead Copper"（删除覆铜死区）等修改选项。

（3）单击"OK"按钮，关闭对话框，鼠标显示为十字形状，用光标沿着PCB的"Keep-Out Layer"边界画一个闭合的矩形框。单击鼠标左键确定起点，在转折处单击，直至确定矩形的四个顶点，单击鼠标右键退出，覆铜操作完成。

4.3.9　补泪滴

在导线和焊盘或过孔的连接处,通常需要补泪滴,用于去除连接处的直角,使得实际焊接时焊盘不易脱落。其操作步骤如下:

(1) 单击菜单栏中"Tools"(工具)选项,选择"Teardrops"(补泪滴),系统弹出"Teardrop Options"(补泪滴选项)对话框,如图 4.114 所示。

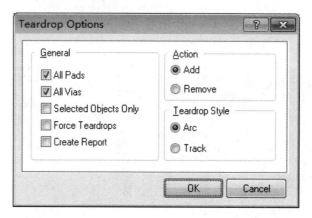

图 4.114　"Teardrop Options"(补泪滴选项)对话框

(2) 在对话框中对参数进行设置:

① "General"(常规)中选择"All Pads"(所有焊盘)和"All Vias"(所有过孔)。

② "Action"(作用)中选择"Add"(添加),此外也可以进行泪滴的删除。

③ "Teardrop Style"(补泪滴类型)中可以选择"Arc"(弧线)或者"Track"(导线)。

(3) 单击"OK"按钮,补泪滴操作完成。

补泪滴前后导线和焊盘连接变化如图 4.115 所示。

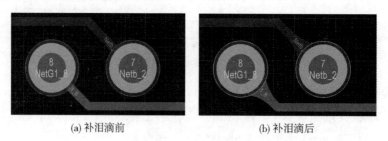

(a) 补泪滴前　　　　　　　　　　　(b) 补泪滴后

图 4.115　补泪滴前后导线和焊盘连接变化

4.3.10　DRC 设计校验

电路板设计完成之后,为了保证 PCB 设计的正确性,通常还需要进行 DRC(设计规则检查)。单击菜单栏中"Tools"(工具)选项,选择"Design Rule Check"(设计规则检查),系统弹出"Design Rule Check"(设计规则检查)对话框,如图 4.116 所示。对话框中左侧的"Rules To Check"标签中列出了所有可进行检查的设计规则,这些规则都是在 PCB 设计规则和约束对话框里定义过的。

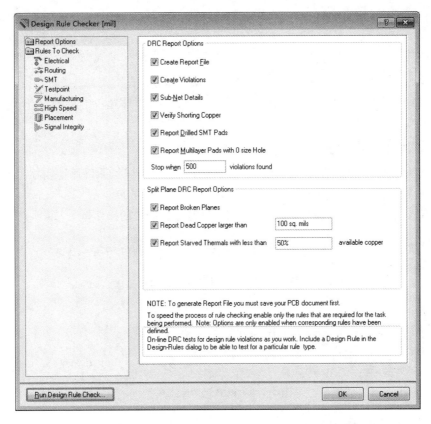

图 4.116 "Design Rule Check"(设计规则检查)对话框

单击对话框左下角"Run Design Rule Check"(运行设计规则检查),系统生成设计规则检查报告,如图 4.117 所示。如果检查报告中有错误,需要设计者进行相应的修改,并重新运行 DRC,直至没有错误。

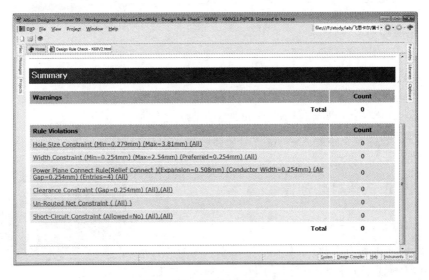

图 4.117 设计规则检查报告

4.3.11 PCB 元件库创建

1）PCB 元件库的创建

单击菜单栏中"File"（文件）选项，选择"New"（新建）下拉菜单中的"Library"（库）→"PCB Library"（PCB 元件库）选项，新建成功后保存文件。同样地，新建的 PCB 元件库需要加载到之前建立的项目工程中。

2）PCB 元件库的面板

原理图元件库文件编辑器包含元件库面板、菜单栏、工具栏、元件库编辑器工作区等。

（1）主菜单

主菜单类似于原理图元件库，提供了绘制元件符号所需要的操作指令，如图 4.118 所示。

DXP File Edit View Project Place Tools Reports Window Help

图 4.118 PCB 元件库主菜单栏

（2）工具栏

工具栏同样类似于原理图元件库，如图 4.119 所示。

图 4.119 PCB 元件库工具栏

（3）PCB Library 面板

PCB Library 面板包括了"Mask"（屏蔽查询栏）、"Components"（元件封装列表）、"Components Primitives"（封装图元列表）和缩略图显示区四个部分，如图 4.120 所示。其中"Components"（元件封装列表）区域列出了该库中所有符合屏蔽查询栏设定条件的元件封装名称，并注明其焊盘数、图元数等基本属性。

（4）PCB 库编辑器环境设置

PCB 库编辑器环境设置包括"Library Options"（元件库选项）、"Layers & Colors"（电路板层和颜色）、"Layers Stack Manager"（层栈管理）和"Preferences"（参数）四个内容，其设置界面和设置方法和 PCB 文件中环境设置类似，因此不多作说明。

4.3.12 PCB 元件封装创建

1）手工创建元件封装

（1）单击菜单栏中"Tool"（工具），选择"New Blank Component"（新建空元件封装）选项，PCB Library 面板的元件封装列表中出现一个新的"PCBComponent_1"空元件

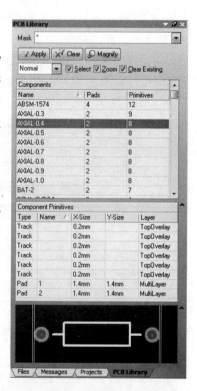

图 4.120 PCB Library 面板

封装,双击可对其名称进行修改,如图 4.121 所示。需要注意的是,和原理图元件库相同,在建立第二个元件封装时不需要新建 PCB 元件库,仅重复之前新建元件封装的步骤即可。

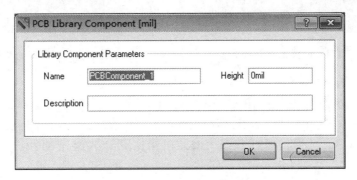

图 4.121　重命名元件对话框

(2) 放置焊盘

选择"Top Layer"(顶层),单击菜单栏中"Place"(放置)选项,选择"Pad"(焊盘),或选择工具栏中"放置焊盘"按钮也可实现功能,鼠标显示为十字光标并附加一个焊盘,单击确定焊盘的位置。双击焊盘设置其属性,如图 4.122 所示。其中"Designator"(指示符)中表示引脚的名称,必须和原理图中元件引脚名称相同,例如电阻的引脚名称分别是 1 和 2,如图 4.123 所示。

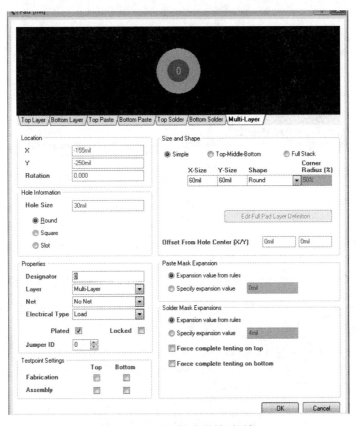

图 4.122　设置焊盘属性对话框

图 4.123　设置完的电阻焊盘

图 4.124　绘制出外形轮廓的电阻封装图

（3）绘制元件的外形轮廓

选择"Top Overlay"（顶层丝印层），单击菜单栏中"Place"（放置）选项，选择"Line"（线），鼠标显示为十字形状，单击确定起点，移动鼠标拉出一条直线，再次单击确定直线终点，单击鼠标右键或按"ESC"键退出画线状态。按照电阻实际样式绘制的外形轮廓如图 4.124所示。

（4）设置元件参考点

单击菜单栏中"Edit"（编辑）选项，选择"Set Reference"（设置参考）选项，其中包含"Pin 1"（引脚 1）、"Center"（中心）和"Location"（位置）三个选项，设计者可根据自己的需求进行设置。

2）用 PCB 元件向导创建元件封装

在此依然以之前电阻封装为例进行操作。

（1）单击菜单栏中"Tools"（工具）选项，选择"Component Wizard"（元件封装向导），系统弹出"Component Wizard"（元件封装向导）对话框，如图 4.125 所示。

图 4.125　"Component Wizard"对话框

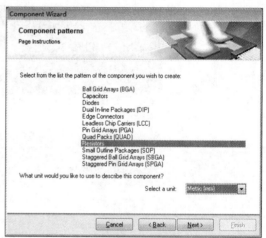

图 4.126　元件封装样式选择界面

（2）单击"Next"（下一步）按钮，进入元件封装模式选择界面。在此选择需要的封装模式和单位，一般选择公制"Metric(mm)"，如图 4.126 所示。

（3）单击"Next"（下一步）按钮，进入选择焊盘过孔样式界面，如图 4.127 所示。

图 4.127　焊盘过孔样式设置界面

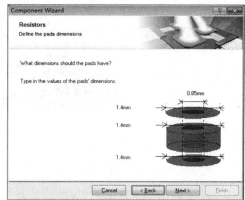

图 4.128　焊盘尺寸设置界面

（4）单击"Next"（下一步）按钮，进入焊盘尺寸设置界面，如图 4.128 所示。

（5）单击"Next"（下一步）按钮，进入焊盘间距设置界面，如图 4.129 所示。

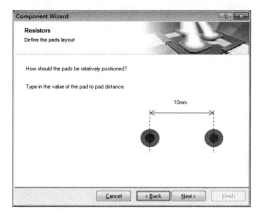

图 4.129　焊盘间距设置界面

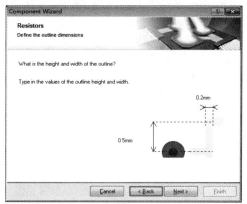

图 4.130　轮廓设置界面

（6）单击"Next"（下一步）按钮，进入轮廓设置界面，如图 4.130 所示。

（7）单击"Next"（下一步）按钮，进入封装命名界面，如图 4.131 所示。

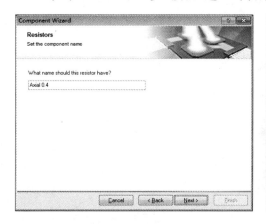

图 4.131　封装命名界面

图 4.132　封装制作完成界面

（8）单击"Next"（下一步）按钮，进入封装制作完成界面，如图 4.132 所示。单击"Finish"（完成）按钮，退出封装向导，绘制完成的元件封装如图 4.133 所示。

图 4.133　电阻的封装图形

3）元件封装在 PCB 图中的更新

和原理图中元件库更新类似，PCB 设计时也会遇到元件封装库需要更新的情况。其操作方法可以参照之前的介绍，在原理图中更新元件封装，然后重新载入到 PCB 中。此外还可以直接在 PCB 图中进行修改，双击需要修改的元件使其弹出属性对话框，在"Footprint"项目中重新选择元件封装即可。

第三部分
综合实训

第 5 章 Protel 99 SE 综合实训

5.1 实训一 Protel 99 SE 的基本操作

5.1.1 实训目的

（1）学习 Protel 99 SE 软件的使用方法，掌握设计数据库的概念，熟练掌握创建设计数据库的方法，并能创建电路原理图文件及其打开和关闭等基本操作。

（2）熟悉 Protel 99 SE 的设计界面，熟练掌握对设计数据库中的文件夹和文件的操作。

（3）掌握利用窗口管理功能对窗口显示方式及其显示内容的方式进行管理。

（4）熟悉常用元件库，能够在加载的元件库中按照型号要求准确找到所需要的元件。

5.1.2 实训内容

（1）按照给定电路（图 5.1），在 Protel 99 SE 中绘制该电路图，进一步掌握 Protel 99 SE 绘制电路原理图的基本操作。

（2）从桌面启动 Protel 99 SE 软件。

（3）创建名为"你的名字的全拼. ddb"的设计数据库（比如：张三 zhangsan. ddb），保存路径为：D:\ Protel_Exercise。

（4）在工作窗口或文件管理器，练习打开和关闭文件夹或文件的操作。

（5）新建一个原理图文件，命名为"你的名字的全拼_甲乙类放大器. Sch"（比如：zhangsan_甲乙类放大器. Sch）的电路原理图文档；设置图纸为 A4 竖放，标题栏为 ANSI，栅格设置 Snap，On 设置为 5，Visible 设置为 10。

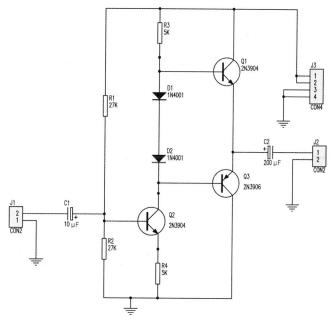

图 5.1 放大器电路图

（6）按照图 5.1 中给定的元件列表找出各个元件，并按照已知电路图绘制。

（7）绘制完电路图，保存上述电路原理图，分别进行 ERC 检查，并生成网络表，保存生成的. NET 文件。

（8）将上述电路原理图粘贴到 Word 文档中，并完成实训报告。

原件清单如表5.1所示：

表 5.1　放大器元件表

序号	元件值	元件封装	元件名	说明
R_1、R_2	27 kΩ	AXIAL0.3	RES2	
R_3、R_4	5 kΩ	AXIAL0.3	RES2	
C_1	10 μF	RB−.2/.4	ELECTRO1	极性电容
C_2	200 μF	RB−.2/.4	ELECTRO1	极性电容
D_1、D_2	1N4001	DIODE0.4	DIODE	二极管
Q_1、Q_2	2N3904	TO−46	NPN	NPN 三极管
Q_3	2N3906	TO−46	PNP	PNP 三极管
J_1、J_2	CON2	SIP−2	CON2	连接器
J_3	CON4	SIP−4	CON4	连接器

5.1.3　思考与练习

按照上面的操作步骤，建立一个新的原理图文件 sheet2.sch 把图 5.2 画出来。

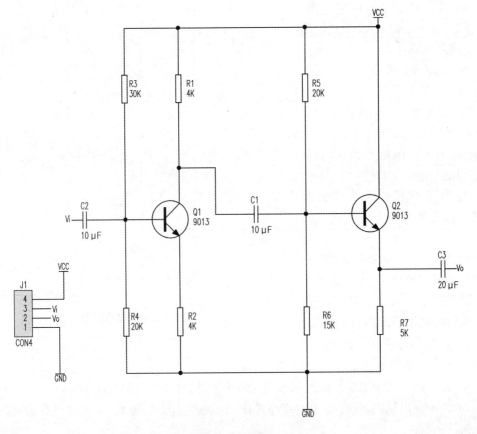

图 5.2　例图一

5.2 实训二 电路的 ERC 检查,生成元件清单及网络表

5.2.1 实训目的

（1）进一步掌握 Protel 99 SE 的基本操作。

（2）掌握设计管理器的使用和设计环境的设置,熟悉常用元件库和各主要菜单及命令的使用。

（3）学习电路原理图的基本绘图方法。

（4）掌握电路原理图的分析方法和分析工具,进而纠正错误。

5.2.2 实训内容

（1）设计并用 Protel 99 SE 绘制一个 D/A 功能模块电路图。

（2）根据电路图加载相应的元件库文件,然后选择放置电子元件,编辑各元件并精确调整元件位置。对放置好的元件根据例图连接导线,绘制总线和总线出入端口,放置网络标号及电源和输入输出端口。

（3）对绘制电路原理图实例进行错误检测。

（4）根据检测结果修改电路原理图中的错误。

（5）对完成的电路原理图进行电气规则检测,并生成检测报告。根据检测报告修改电路原理图中的错误。

5.2.3 思考与练习

按照上面的操作步骤,建立一个新的原理图文件并把图 5.3 画出来。

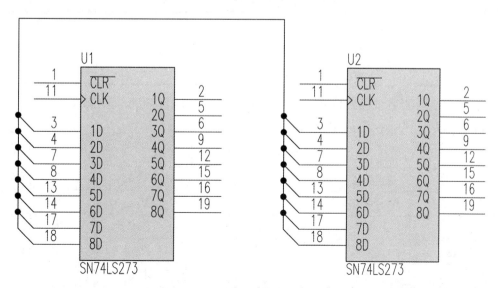

图 5.3 例图二

5.3 实训三 Protel 99 SE 原理图元件的制作及 PCB 封装

5.3.1 实训目的

（1）掌握 Protel 99 SE 软件原理图元件库的编辑与管理。

（2）掌握绘制元件符号的方法。

（3）掌握 PCB 元件封装的方法。

5.3.2 实训内容

（1）在实训一创建的设计数据库下，新建一个原理图元件库文件，命名为"你的姓名 全拼_Favorate. lib"（比如：zhangsan_Favorate. lib）。

（2）打开原理图元件库 Protel DOS Schematic Libraries. ddb 文件，浏览 7426、7437、74132 元件，看看是否与 74ALS00 的图形一样，并把 74LS00 元件复制到"你的姓名全拼_Favorate. lib"元件库中。

（3）电路图纸设置为 A4。绘制一个半径为 20 mil、线宽为 Medium 的半圆弧线，绘制一个半径为 20 mil 的圆形，并将所绘制图形粘贴到实训报告中。

（4）在自己建的元件库文件"你的姓名全拼_Favorate. lib"中创建数码管 REDCA 和 4006 芯片 2 个元件。

① 数码管命名为 REDCA，元件外形尺寸为 90 mil×60 mil，引脚长度为默认长度，引脚属性如表 5.2 所示。

表 5.2 数码管 REDCA 的引脚属性

引脚号	是否低电平有效	是否时钟输入	是否隐藏	Electrical Type
1～9	否	否	否	Input
V_{CC}	否	否	否	Power

② 4006 元件封装设置为 DIP14，元件外形尺寸为 90 mil×80 mil，引脚长度为 20 mil，各引脚信息如表 5.3 所示，其中引脚 7 和 14 被隐藏了。

表 5.3 4006 各引脚信息

引脚号	是否低电平有效	是否时钟输入	是否隐藏	引脚电气属性
1,4～6	否	否	否	输入引脚
3	是	是	否	输入引脚
8～13	否	否	否	输入引脚
7	否	否	是	GND
14	否	否	是	V_{CC}

5.3.3　思考练习

新建一个元件封装库"×××-favoratePCB. lib"文件,并绘制如下元件封装:

（1）人工绘制如图 5.4 所示的发光二极管封装 LED,两个焊盘的间距为 180 mil,焊盘的编号为 1、2,焊盘直径为 60 mil,通孔直径为 30 mil。

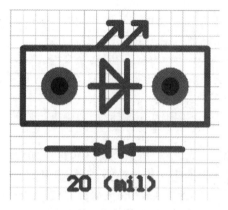

图 5.4　发光二极管封装 LED

（2）用 PCB 元件生成向导绘制如图 5.5 所示的贴片元件封装 LCC16,焊盘采用系统默认值。

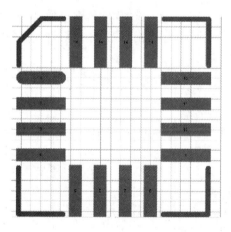

图 5.5　贴片元件封装 LCC16

5.4　实训四　闪光电路的 PCB 设计

5.4.1　实训目的

（1）掌握用 Protel 99 SE 软件设计绘制操作。

（2）掌握用 Protel 99 SE 软件设计 PCB 图。

5.4.2　实训内容

（1）根据闪光电路图，新建一个 PCB 图文件，命名为"你的姓名全拼_闪光电路. PCB"（比如：张三_闪光电路. PCB）。

（2）分别设置可视栅格、捕获栅格、元件栅格和电气栅格的数值，并在工作窗口练习体会四种栅格的区别。

（3）人工设计"你的姓名全拼_闪光电路. PCB"印刷电路板，具体步骤如下。

① 打开前面实训一中绘制放大器电路文件。

② 执行操作 Design→Create Netlists，生成网络文件。

③ 在新建的"你的姓名全拼_闪光电路. PCB"文件中，执行操作 Design→Load Netlists（加载网络表），找到网络表文件并加载。

④ 如果加载网络表报错，分析原因，返回原理图中进行修改。

⑤ 重新生成网络表。

⑥ 返回"你的姓名全拼_闪光电路. PCB"文件中，再次加载网络表，如果没有错误，点击"Execute"按钮，至步骤⑦；如果网络表仍然有错，重复步骤④、⑤，直至无错，至步骤⑦。

⑦ 将 PCB 文件的工作层调到"Keep Out Layer"，在元件外围画布线框。

⑧ 采用群集式方式自动布局，执行菜单操作：Tools→Auto Placement→Auto Placer 中的"Cluster Place"。

⑨ 全局自动布线完成元件的布线，执行菜单操作：Auto Route→All→Route All；如有兴趣，可手动布局布线试一下。

（4）使用电路板生成向导，再创建一个"你的姓名全拼_闪光电路. PCB"印刷电路板。

（5）分别生成"你的姓名全拼_闪光电路. PCB"的电路板信息报表、NC 钻孔报表和元件报表。

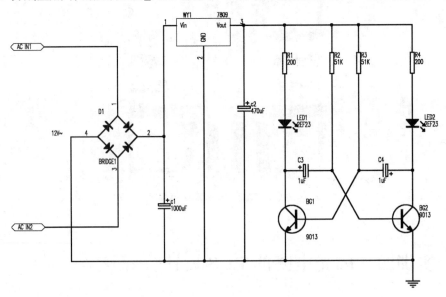

图 5.6　闪光电路

5.4.3　思考与练习

对实训一思考与练习中的例图进行 PCB 设计，具体要求及操作步骤同上。

5.5 实训五 单片机系统的 PCB 设计

5.5.1 实训目的

(1) 熟练掌握用 Protel 99 SE 软件设计绘制操作;

(2) 熟练掌握用 Protel 99 SE 软件设计 PCB 图;

5.5.2 实训内容

(1) 建立一个新的设计任务,首先绘出如图 5.7 所示的单片机系统电路图,要求用电路原理图创建网络表。

(2) 新建 PCB 文件并设置参数(设置安全间距为 11 mil,信号线宽为 11 mil,地线宽 20 mil,其他参数采用系统默认的参数),在禁止布线层确定电路板的电气边界,四角各放置一个固定孔(在四角、距边界 200 mil 的地方,各放置一个外径为 200 mil、内径为 118 mil 的过孔,作为固定孔)。

(3) 在 PCB 工作环境加载元件库。

(4) 导入网络表生成 PCB 图,然后手动布局。

(5) 自动布线,然后手动调整布线,并加泪滴、覆铜(覆铜连接到 GND)。

(6) 进行布线规则检查,即 DRC(Design Rule Check),检查布线是否合理、违规。

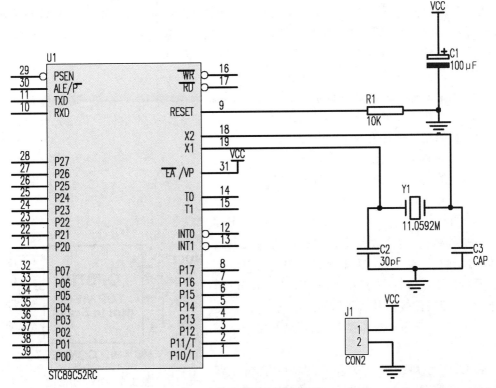

图 5.7 单片机系统电路图

5.5.3　思考与练习

对实训二思考与练习中的例图进行 PCB 设计,具体要求及操作步骤同上。

5.6　实训六　OP07 功率放大器的设计

5.6.1　实训目的

(1) 熟悉 Protel 99 SE 的整个操作流程。

(2) 熟悉并掌握 Protel 99 SE 的仿真流程及相应操作。

(3) 掌握 Protel 99 SE 各模块的分析方法和分析工具,进而纠正错误并进行修改。

5.6.2　实训内容

(1) 绘制具有一定规模、一定复杂程度的 OP07 功放电路原理图 * . sch(自选)。可以涉及模拟、数字、高频、单片机或者一个具有完备功能的电路系统。

(2) 绘制相应电路原理图的双面印刷板图 * . PCB。

(3) 对电路原理图进行仿真,给出仿真结果(如波形 * . sdf、数据)并说明是否达到设计意图。

5.6.3　预备知识

OP07 是一种高精度单片运算放大器,具有很低的输入失调电压和漂移,特别适合做前级放大器。OP07 作为低噪声高精度运算放大器,具有以下特点:

(1) 低的输入噪声电压幅度——0. 35 μV_{P-P}(0. 1～10 Hz)。

(2) 极低的输入失调电压——10 μV。

(3) 极低的输入失调电压温漂——0. 2 $\mu V/$ ℃。

(4) 具有长期的稳定性——0. 2 $\mu V/MO$。

(5) 低的输入偏置电流——±1 nA。

(6) 高的共模抑制比——126 dB。

(7) 宽的共模输入电压范围——±14 V。

(8) 宽的电源电压范围——±3 V～±22 V。

(9) 可替代 725、108A、741、AD510、1875 等电路。

OP07 高精度运算放大器具有极低的输入失调电压、极低的失调电压温漂、非常低的输入噪声电压幅度及长期稳定等特点,可广泛应用于稳定积分、精密绝对值电路、比较器及微弱信号的精确放大,尤其适应于宇航、军工及要求微型化、高可靠的精密仪器仪表中。

在 OP07 引脚图中,1 脚和 8 脚是调零端,2 脚是反相输入端,3 脚是同相输入端,4 脚是负电源端,

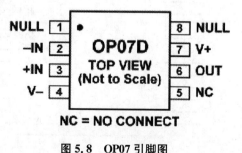

图 5.8　OP07 引脚图

7 脚是正电源端,6 脚是输出端,5 脚是空脚管。

5.6.4　参考答案

（1）OP07 功放电路图

OP07 功放电路图,经 Protel 99 SE 软件制作后如图 5.9 所示。

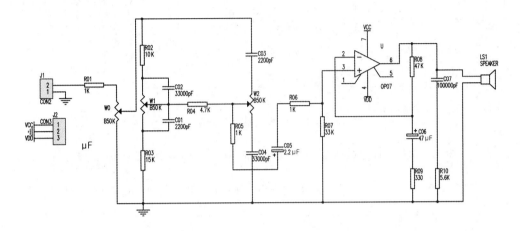

图 5.9　OP07 功放电路图

（2）OP07 功放 PCB 板绘制

OP07 功放电路图中的大多数元件可以在 Miscellanous Devices. lib 元件库中找到,并进行封装。但是有些元件需要自己自行制作封装,比如在本次设计中用到的 SPEAKER,就需要自己制作封装。

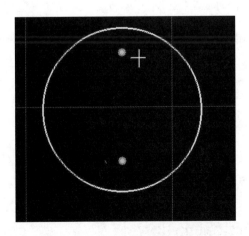

图 5.10　自行制作的 SPEAKER 封装

（3）OP07 电路仿真

绘制完成的 OP07 功放仿真图如图 5.11 所示。

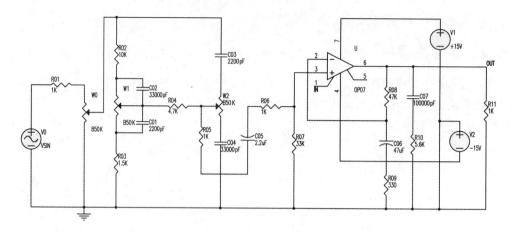

图 5.11 电路整体仿真图

对电路图进行了全面仿真,结果如图 5.12 所示(当激励源电压峰值设为 1.2 V)。

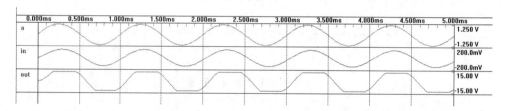

图 5.12 电路整体仿真结果

在仿真结果中可以看出,输出出现了失真,原因是激励源电压峰值选取不适当,取值过大。

对电路图进行了全面仿真,结果如图 5.13 所示(当激励源电压峰值设为 0.7 V)。

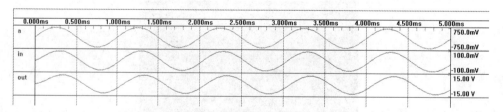

图 5.13 电路整体仿真结果

当激励源电压峰值设为 0.7 V 时,放大后信号输出波形良好。

5.7 实训七 数字钟的设计

5.7.1 实训目的

(1) 熟练掌握 Protel 99 SE 的整个操作流程。

(2) 熟练掌握 Protel 99 SE 的仿真流程及相应操作。

(3) 熟练掌握 Protel 99 SE 各模块的分析方法和分析工具,进而纠正错误并进行修改。

5.7.2　实训内容

(1) 采用中规模集成电路设计一台可以显示时、分、秒的数字钟。

(2) 能直接显示时、分、秒的数字钟,要求二十四为一计数周期。

(3) 当电路发生走时误差时,要求电路具有校时功能。

(4) 要求电路具有整点报时功能,报时声响为四低一高,最后一响正好为整点。

(5) 要求电路主要采用中规模集成电路。

(6) 要求电源电压+5~+10 V。

5.7.3　预备知识

(1) 设计要点

① 设计一个精确的秒脉冲信号产生电路。

② 设计六十进制、二十四进制计数器。

③ 设计译码显示电路。

④ 设计操作方便的校时电路。

⑤ 设计整点报时电路。

(2) 工作原理

数字电子钟由信号发生器、"时、分、秒"计数器、译码器及显示器、校时电路、整点报时电路等组成。秒信号产生器是整个系统的时基信号,它直接决定计时系统的精度,一般用 555 定时器构成的振荡器加分频器来实现。将标准秒脉冲信号送入"秒计数器",该计数器采用六十进制计数器,每累计 60 s 发出一个"分脉冲"信号,该信号将作为"分计数器"的时钟脉冲。"分计数器"也采用六十进制计数器,每累计 60 min,发出一个"时脉冲"信号,该信号将被送到"时计数器"。"时计数器"采用二十四进制计数器,可以实现一天 24 h 的累计。译码显示电路将"时、分、秒"计数器的输出状态经七段显示译码器译码,通过六位 LED 显示器显示出来。整点报时电路是根据计时系统的输出状态产生一个脉冲信号,然后去触发音频发生器实现报时。校时电路是用来对"时、分、秒"显示数字进行校对调整。

(3) 元器件使用说明

① 集成异步十进制计数器 74LS90

集成异步十进制计数器 74LS90 是二-五-十进制计数器,若将 QA 与 CKB 相连从 CKA 输入计数脉冲其输出 QD、QC、QB、QA 便成为 8421 码十进制计数器,如图所示;若将 QD 与 CKA 相连,从 CKB 输入计数脉冲其输出 QD、QC、QB、QA 便成为 5421 码十进制计数器。74LS90 具有异步清零和异步置九功能。当 R0 全是高电平,R9 至少有一个为低电平时,实现异步清零。当 R0 至少有一个低电平,R9 全是高电平时,实现异步置九。当 R0、R9 为低电平时,实现计数功能。

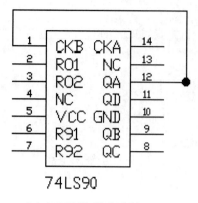

(a) 8421BCD 码十进制

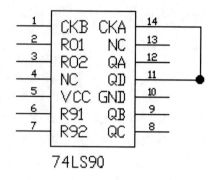

(b) 5421BCD 码十进制

图 5.14　集成异步十进制计数器 74LS90

表 5.4　74LS90 功能表

输入				输出			
R01	R02	R91	R92	QD	QC	QB	QA
H	H	L	×	L	L	L	L
H	H	×	L	L	L	L	L
L	×	H	H	H	L	L	H
×	L	H	H	H	L	L	H
×	L	×	L	计数			
×	L	L	×	计数			
L	×	×	L	计数			
L	×	L	×	计数			

（2）555 定时器

振荡器由 555 定时器构成。在 555 定时器的外部接适当的电阻和电容元件构成多谐振荡器,再选择元件参数使其发出标准秒信号。555 定时器的功能主要由上、下两个比较器 C_1、C_2 的工作状况决定。比较器的参考电压由分压器提供,在电源与地端之间加上 V_{CC} 电压,且控制端 V_M 悬空,则上比较器 C_1 的反相端"一"加上的参考电压为 $2V_{CC}/3$,下比较器 C_2 的同相端"＋"加上的参考电压为 $V_{CC}/3$。若触发端 S 的输入电压 $V_2 \leqslant V_{CC}/3$,下比较器 C_2 输出为"1"电平,S_R 触发器的 S 输入端接受"1"信号,可

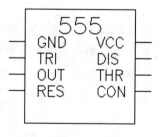

图 5.15　555 定时器

使触发器输出端 Q 为"1",从而使整个 555 电路输出为"1";若阈值端 R 的输入电压 $V_6 \geqslant 2V_{CC}/3$,上比较器 C_1 输出为"1"电平,S_R 触发器的 R 输入端接受"1"信号,可使触发器输出端 Q 为"0",从而使整个 555 电路输出为"0"。控制电压端 V_M 外加电压可改变两个比较器的参考电压,不用时,通常将它通过电容(0.01 μF 左右)接地。放电管 T_1 的输出端 Q' 为集电极开路输出,其集电极最大电流可达 50 mA,因此,具有较大的带灌电流负载能力。若复位端 R_D 加低电平或接地,可使电路强制复位,不管 555 电路原处于什么状态,均可使它的输出 Q 为"0"电平。只要在 555 定时器电路外部配上两个电阻及两个电容元件,并将某些引脚

相连,就可方便地构成多谐振荡器。

5.7.4 参考答案

(1)秒脉冲信号发生器

秒脉冲信号发生器是数字电子钟的核心部分,它的精度和稳定度决定了数字钟的质量。由振荡器与分频器组合产生秒脉冲信号。

① 振荡器:通常用555定时器与R_C构成的多谐振荡器,经过调整输出1 000 Hz脉冲。

② 分频器:分频器功能主要有两个,一是产生标准秒脉冲信号,一是提供功能扩展电路所需要的信号,选用三片74LS90进行级联,因为每片为1/10分频器,三片级联好获得1 Hz标准秒脉冲。其电路图5.16所示。

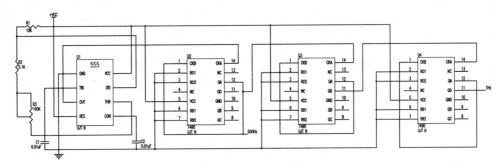

图5.16 秒脉冲信号发生器

(2)秒、分、时计时器电路设计

秒、分计数器为六十进制计数器,小时计数器为二十四进制计数器。实现这两种模数的计数器采用中规模集成计数器74LS90构成。

由74LS90构成的六十进制计数器如图5.17所示,将一片74LS90设计成十进制加法计数器,另一片设置成六进制加法计数器。两片74LS90按反馈清零法串接而成。秒计数器的十位和个位,输出脉冲除用作自身清零外,同时还作为分计数器的输入脉冲CP_1。图5.17所示电路既可作为秒计数器,也可作为分计数器。

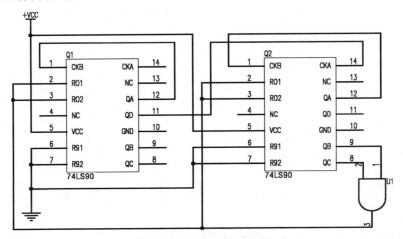

图5.17 六十进制计数器

由 74LS90 构成的二十四进制计数器如图 5.18 所示。将一片 74LS90 设计成四进制加法计数器，另一片设置成二进制加法计数器。即个位计数状态为 QD QC QB QA＝0100，十位计数状态为 QD QC QB QA＝0010 时，要求计数器归零。通过把个位 QC、十位 QB 相与后的信号送到个位、十位计数器的清零端，使计数器清零，从而构成二十四进制计数器。

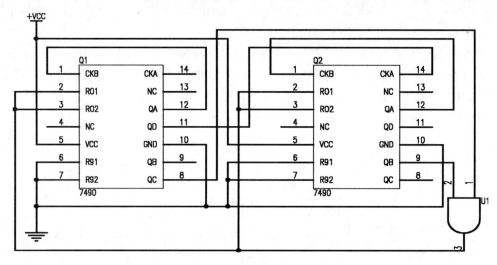

图 5.18　二十四进制计数器

如图 5.19 所示的译码电路的功能是将秒、分、时计数器的输出代码进行翻译，变成相应的数字。用于驱动 LED 七段数码管的译码器常用的有 74LS48。74LS48 是 BCD－7 段译码器/驱动器，输出高电平有效，专用于驱动 LED 七段共阴极显示数码管。若将秒、分、时计数器的每位输出分别送到相应七段译码管的输入端，便可以进行不同数字的显示。在译码管输出与数码管之间串联电阻 R 作为限流电阻。

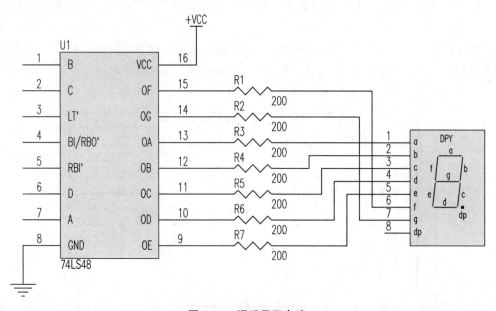

图 5.19　译码显示电路

校时电路是数字钟不可缺少的部分,每当数字钟与实际时间不符时,需要根据标准时间进行校时。S_1、S_2 分别是时校正、分校正开关。不校正时,S_1、S_2 开关是闭合的。当校正时位时,需要把 S_1 开关打开,然后用手拨动 S_3 开关,来回拨动一次,就能使时位增加 1,根据需要确定拨动开关的次数,校正完毕后把 S_1 开关闭上。校正分位时和校正时位的方法一样。其电路图如图 5.20 所示。

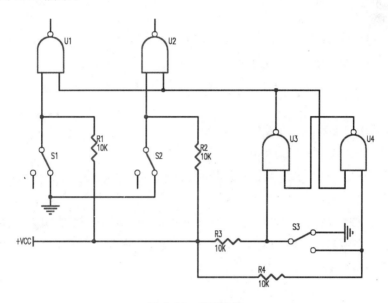

图 5.20　校时电路

整点报时电路仿照广播电台整点报时电路设计,每当数字钟计时快到整点时发出响声,四低一高并且以最后一声高音结束的时刻为整点时刻。

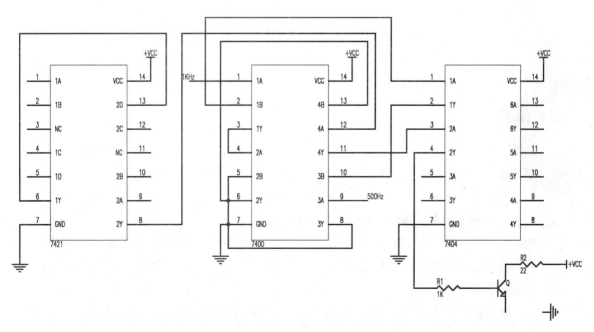

图 5.21　整点报时电路

227

5.8 实训八 设计制作函数信号发生器

5.8.1 实训目的

(1) 熟练掌握 Protel 99 SE 软件的使用方法。

(2) 熟练掌握整个硬件电路设计并制作的基本流程和操作。

5.8.2 实训内容

(1) 设计制作一个函数信号发生器

① 交流输入电压 $U_i = 220(1 \pm 10\%)$ V；

② 输出为矩形波和三角波两种波形,用开关切换输出；

③ 均为双极性；

④ 输出为方波时,输出电压的峰值为 0～1 V 可调,输出信号频率为 100～999 Hz 可调；

⑤ 输出为三角波时,输出电压的峰值为 0～1 V 可调,输出信号频率为 100～999 Hz 可调；

⑥ 采用 LED 数码管显示频率；

⑦ 电路板尺寸(双面板):100 mm×80 mm；

(注:以下为提高设计指标。)

⑧ 可增加正弦波输出；

⑨ 输出阻抗均为 50 Ω；

⑩ 输出电压的峰值为 0～10 V 可调；

(2) 用 Protel 99 SE 软件画出电路原理图、电路板图。原理图要求是层次图,电路板图要求标出机械尺寸和安装孔。完成打印的成套图纸要按标准图纸的尺寸格式输出,包括主图、子图、顶层、底层、丝印层。

5.8.3 预备知识

(1) 模拟电子技术有关直流稳压电源的章节,包括整流电路、滤波电路和稳压电路等部分。直流稳压电源各单元电路的原理;电源电路设计;元器件参数选择。

(2) 有关函数信号发生器的有关章节,熟悉运算放大器的常见应用电路,掌握运用运算放大器构成函数信号发生器的基本原理及其设计方法。

(3) 有关数字频率计原理、基本组成、数字频率计电路设计等章节,掌握基于小规模数字电路构成的数字频率计的基本原理及其设计方法;数字电子技术有关数制计算、组合逻辑电路和模数转换器等部分。

(4) 查阅相关资料,了解主要元器件列表中各元器件使用说明及典型应用电路。可以通过《电子元器件手册》或相关网页查得。

5.8.4 参考答案

函数信号发生器的电源电路图、频率计电路图及最后一部分的信号发生器电路图分别如图 5.22~图 5.24 所示。

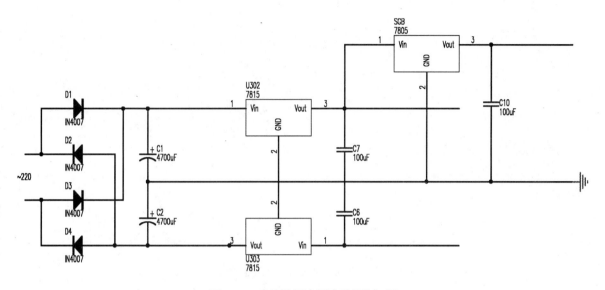

图 5.22 直流稳压电源电路图(参考)

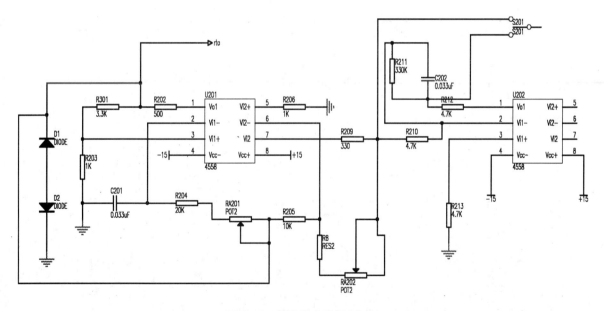

图 5.23 频率计电路图(参考)

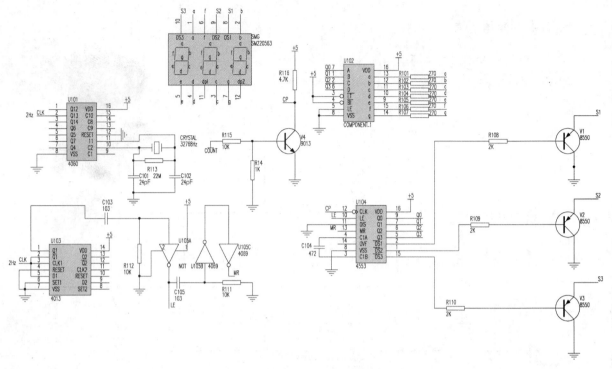

图 5.24 函数信号发生器电路图(参考)

根据设计选择元器件及参数,列出元件表(编号与电路图一致)和主要元器件表。

表 5.5 元件明细表

元件名称	型号规格	数量	单位
电阻	$RJ-1/4-270\ \Omega$	7	只
电阻	$RJ-1/4-330\ \Omega$	3	只
电阻	$RJ-1/4-1\ k\Omega$	3	只
电阻	$RJ-1/4-2\ k\Omega$	3	只
电阻	$RJ-1/4-3.3\ k\Omega$	1	只
电阻	$RJ-1/4-4.7\ k\Omega$	4	只
电阻	$RJ-1/4-10\ k\Omega$	4	只
电阻	$RJ-1/4-20\ k\Omega$	1	只
电阻	$RJ-1/4-330\ k\Omega$	1	只
电阻	$RJ-1/4-22\ M\Omega$	1	只
电位器	$3296-10\ k\Omega$	2	只
电容	$4700\ \mu F/35\ V$	2	只
电容	$100\ \mu F/25\ V$	2	只
电容	$CC_1-63V-0.033\ \mu F$	2	只

元件名称	型号规格	数量	单位
电容	$CC_1-63V-102$	2	只
电容	$CC_1-63V-472$	1	只
电容	$CC_1-63V-24P$	2	只
稳压二极管	1N4734(12 V)	2	只
二极管	1N4007	4	只
集成双运放	4558	2	块
集成电路插座	DIP-8	2	只
集成电路插座	DIP-14	2	只
集成电路插座	DIP-16	3	只
集成电路	CD4069	1	块
集成电路	CD4013	1	块
集成电路	CD4060	1	块
集成电路	CD4511	1	块
集成电路	CD4553	1	块
共阴绿色3字数码管	SM220563	1	只
晶振	32768 Hz	1	只
三极管	9013	1	只
三极管	8550	3	只
三端稳压器	7815	1	块
三端稳压器	7915	1	块
三端稳压器	7805	1	只
自锁按钮开关		1	只
12脚数码管座		1	个
电容	$100~\mu F/16~V$	1	只

另需已做好能直接插到电源插座仅留三端的变压器(±15 V)30个、单股导线1/0.5(各色)、焊丝、万能板。

根据电路图在给定的万能电路板上自行布线、焊接、装配、调试,按着教学日历中规定的顺序,分部分完成,最后整机调试(参考电路图附后)。

编写设计报告,包括设计制作的全过程,实训中遇到的问题和解决的方法,附上有关全部图纸和元件表。

要求上交设计报告手写稿,包括实训内容,叙述电路原理、焊接顺序(只需写明大模块即可)和调试主要步骤,各部分和联机测试结果,最后还应附录查阅资料名称和出处。

图 5.25 为实物搭建电路所用的通用板图。

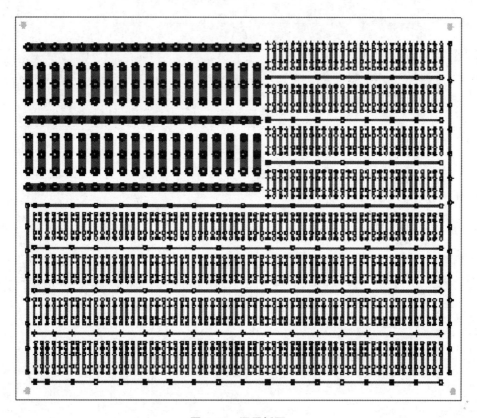

图 5.25 通用板图

第 6 章 Altium Designer 综合实训

6.1 实训一 Altium Designer 的基本操作

6.1.1 实训目的

（1）学习 Altium Designer 软件的使用方法，熟悉原理图设计环境。

（2）掌握原理图设计工具和图纸的设置方法以及一些图纸参数的设置方法。

（3）熟练掌握原理图设计步骤。

6.1.2 实训内容

（1）打开软件，新建原理图文件，以"你的名字的全拼"命名。

（2）设置电路原理图的图纸属性。

进入原理图编辑状态，按照以下要求设置图纸：①图纸大小为 A4 号；②图纸方向为垂直方向放置；③标题栏样式为标准型标题栏。

（3）原理图参数设置。

在原理图设计环境参数设置中，修改以下参数：①元器件的引脚名称与元器件符号边缘的距离设置为 10 mil；②光标的指针类型为"短 45 度交错指针"；③将电气栅格设置为 30 mil，跳转栅格设置为 10 mil。

（4）按照给定电路，绘制电路原理图。

（5）绘制完电路图，保存上述电路图，分别进行 ERC 检查，并生成网络表。

（6）将上述电路原理图粘贴到 Word 文档中，并完成实训报告。

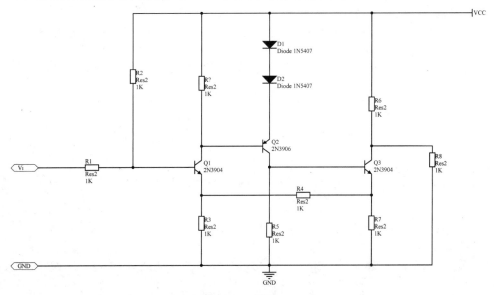

图 6.1 例图一

6.2 实训二 电路的 ERC 检查及相关报表的生成

6.2.1 实训目的

(1) 进一步掌握 Altium Designer 的基本操作。

(2) 学习电路原理图的绘图方法。

(3) 掌握电路原理图的分析方法和分析工具,进而纠正错误并进行修改。

(4) 掌握相关报表的生成及打印输出。

6.2.2 实训内容

(1) 设计并用 Altium Designer 软件绘制一个波形产生电路。

(2) 根据电路图加载相应的元件库文件,然后选择并放置电子元件,编辑各个元件并精确调整元件位置。对放置好的元件根据例图连接导线,绘制总线和总线出入端口,放置网络标号及电源和输入输出端口。

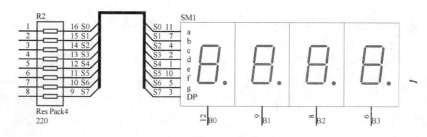

图 6.2 例图二

(3) 对绘制电路原理图进行错误检测。

(4) 根据检测结果进行修改电路原理图中的错误。

(5) 对修改过的电路原理图再次进行电气规则检测,直到没有错误。然后生成网络表和元件清单,并保存。

参考答案如图 6.3 所示。

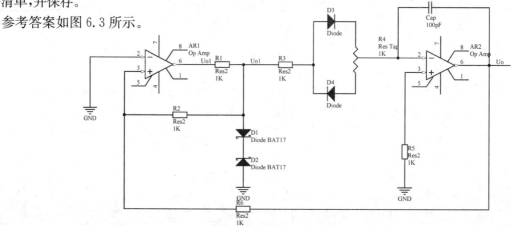

图 6.3 波形产生电路

6.3 实训三 原理图元件的制作

6.3.1 实训目的

(1) 掌握原理图元件库的编辑和管理。

(2) 学习原理图元件库的制作过程。

(3) 熟悉菜单和工具栏的基本使用。

6.3.2 实训内容

(1) 新建一个元件库文件,并绘制如下元件的封装

① 绘制数码管元件,如图 6.4 所示。

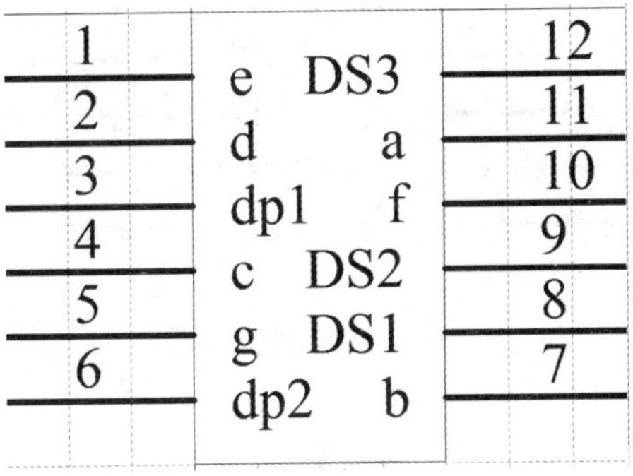

图 6.4 元件的外形尺寸

② 绘制电解电容。

③ 绘制 4069 芯片,采用两种方式绘制。

方式一:

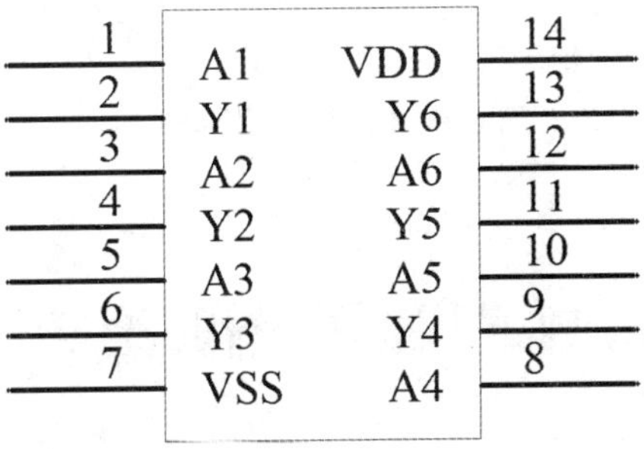

图 6.5 4069 外形

方式二：

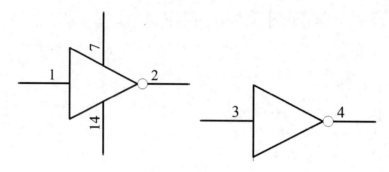

图 6.6　4069 部分器件图

其余四个部分请相应画出。

④ 绘制 LM358 芯片，采用两种方式绘制，具体要求同③。

方式一：

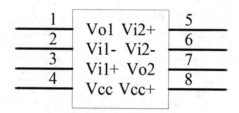

图 6.7　LM358 外形

方式二：

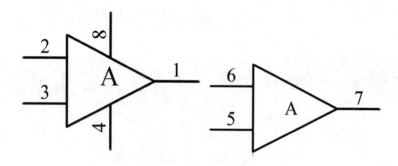

图 6.8　LM358 部分器件图

6.4　实训四　酒精测试仪原理图的绘制

6.4.1　实训目的

（1）进一步掌握原理图设计的技巧，熟练原理图绘制过程。

（2）掌握 Altium Designer 层次原理图的基本设计方法。

（3）掌握自顶向下的层次设计思想，学习由母图生成子图的方法。

（4）掌握子图、母图的相互切换。

6.4.2　实训内容

（1）将例图所示的原理图改画成层次电路图，要求母图文件名为"酒精测试仪.prj"，子图文件名为模块名称。

（2）抄画图中元件必须和样图一致。

（3）绘图完毕后，学习自底向上的层次设计思想，由子图生成母图的方法，重新完成绘图。

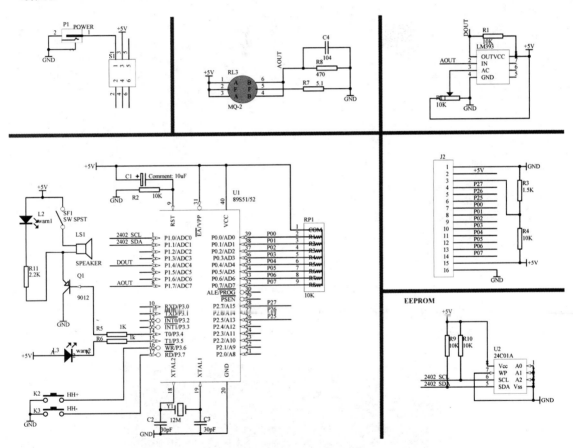

图 6.9　酒精测试仪原理图

6.5　实训五　电磁检测电路的设计

6.5.1　实训目的

（1）掌握用 Altium Designer 软件设计绘制操作。

（2）掌握用 Altium Designer 软件设计 PCB 图。

6.5.2　实训内容

（1）新建设计项目，绘制电磁检测电路图。

（2）新建 PCB 文件，在其环境下加载封装库。

（3）导入网络表生成 PCB 图，然后手动布局。

（4）自动布线，然后手动调整布线，并加泪滴、覆铜。

（5）进行布线规则检测，即运行 DRC，检测布线是否合理、违规。

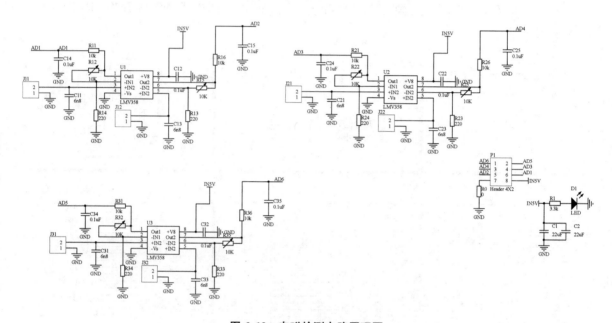

图 6.10　电磁检测电路原理图

6.5.3　参考答案

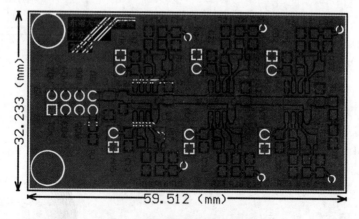

图 6.11　电磁检测电路 PCB 图

6.6 实训六 封装库元件的设计

6.6.1 实训目的

(1) 掌握元件封装的绘制。

(2) 学习用向导制作元件的封装。

6.6.2 实训内容

(1) 如图 6.12 所示的发光二极管封装 LED,两个焊盘的间距为 180 mil,焊盘编号为 1/2,焊盘的直径为 60 mil,通孔直径为 30 mil。

编辑元件属性,将其命名为 LED,并将参考点设置在焊盘 1 上。

图 6.12 LED 封装图

(2) 用 PCB 元件生成向导绘制如图 6.13 所示的双列直插式元件封装,焊盘采用系统默认的大小和间距。

(3) 绘制数码管封装,如图 6.14 所示。

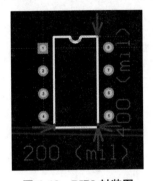

图 6.13 DIP8 封装图

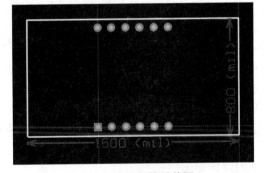

图 6.14 数码管封装图

6.7 实训七 双电机驱动板的设计

6.7.1 实训目的

(1) 掌握用 Altium Designer 软件设计绘制操作。

(2) 掌握用 Altium Designer 软件设计 PCB 图。

6.7.2 实训内容

(1) 新建设计项目,绘制双电机驱动板电路图。

（2）新建 PCB 文件，在其环境下加载封装库。

（3）导入网络表生成 PCB 图，然后手动布局。

（4）自动布线，然后手动调整布线，并加泪滴、覆铜。

（5）进行布线规则检测，即运行 DRC，检测布线是否合理、违规。

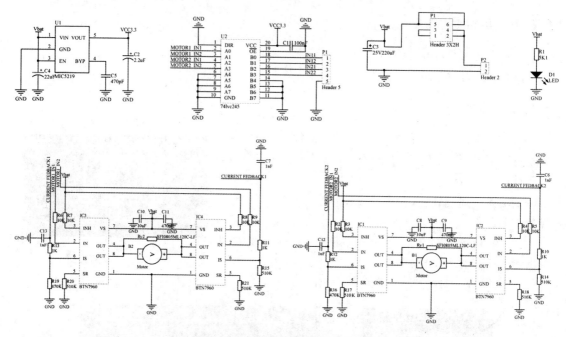

图 6.15　双电机驱动板电路原理图

6.8　实训八　智能车主板的设计

6.8.1　实训目的

（1）掌握用 Altium Designer 软件设计绘制操作。

（2）掌握用 Altium Designer 软件设计 PCB 图。

6.8.2　实训内容

（1）新建设计项目，绘制智能车系统电路图。

（2）新建 PCB 文件，在其环境下加载封装库。

（3）导入网络表生成 PCB 图，然后手动布局。

（4）自动布线，然后手动调整布线，并加泪滴、覆铜。

（5）进行布线规则检测，即运行 DRC，检测布线是否合理、违规。

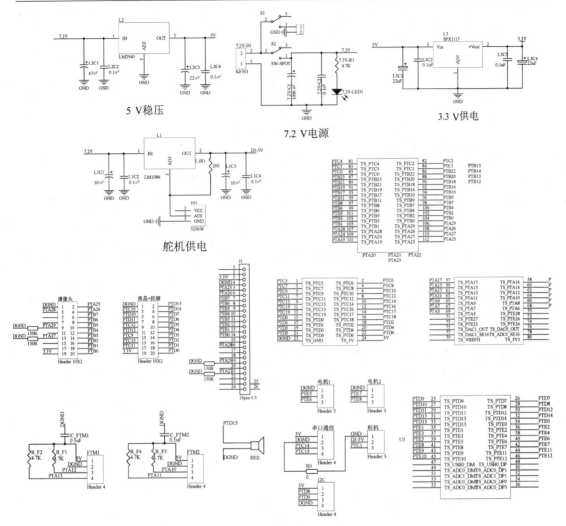

图 6.16 智能车系统电路原理图

6.8.3 参考答案

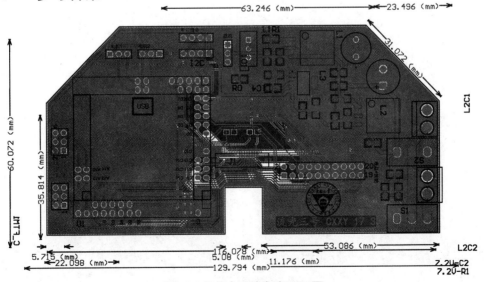

图 40 智能车系统电路 PCB 图

参考文献

[1] 黄智伟. 印制电路板(PCB)设计技术与实践[M]. 北京:电子工业出版社,2017

[2] 赵景波,张伟. Protel 99 SE 实用教程[M]. 北京:人民邮电出版社,2017

[3] 魏雅文,李瑞. Protel 99SE 电路原理图与 PCB 设计[M]. 北京:机械工业出版社,2016

[4] 郑振宇. Altium Designer PCB 画板速成[M]. 北京:电子工业出版社,2016

[5] 周润景,李志,张大山. Altium Designer 原理图与 PCB 设计[M]. 北京:电子工业出版社,2015

[6] 黄杰勇. Altium Designer 实战攻略与高速 PCB 设计[M]. 北京:电子工业出版社,2015

[7] 朱彩莲. 电子线路板设计与制作[M]. 上海:上海交通大学出版社,2014

[8] 陈光绒. PCB 板设计与制作[M]. 北京:高等教育出版社,2013

[9] 王青林. 电路设计与制板:Protel 99 SE 基础教程[M]. 北京:人民邮电出版社,2012

[10] 徐向民. Altium Designer 快速入门[M]. 北京:北京航空航天大学出版社,2011